◎ 中国符号 ◎

中国建筑

朱辉 主编　　袁红兵 著

河海大学出版社
HOHAI UNIVERSITY PRESS
·南京·

图书在版编目（CIP）数据

中国建筑 / 袁红兵著. -- 南京 : 河海大学出版社, 2023.6
（中国符号 / 朱辉主编）
ISBN 978-7-5630-8133-2

Ⅰ. ①中… Ⅱ. ①袁… Ⅲ. ①建筑史－中国－普及读物 Ⅳ. ①TU-092

中国国家版本馆CIP数据核字(2023)第005536号

丛 书 名 / 中国符号
书　　名 / 中国建筑
　　　　　 ZHONGGUO JIANZHU
书　　号 / ISBN 978-7-5630-8133-2
责任编辑 / 毛积孝
丛书策划 / 张文君　李　路
特约校对 / 李　萍
装帧设计 / 谢蔓玉　刘昌凤
出版发行 / 河海大学出版社
地　　址 / 南京市西康路1号（邮编：210098）
电　　话 / （025）83737852（总编室）
　　　　　 / （025）83722833（营销部）
经　　销 / 全国新华书店
印　　刷 / 涿州汇美亿浓印刷有限公司
开　　本 / 880毫米×1230毫米　1/32
印　　张 / 7.625
字　　数 / 166千字
版　　次 / 2023年6月第1版
印　　次 / 2023年6月第1次印刷
定　　价 / 59.80元

序

符号是一种标识或印记。它是人类生命活动的积淀，具备明确而且醒目的客观形式；也是精神表达的方式，承载着丰富的意义。文化符号，可以说是一个民族的容颜。

一国与他国的区别，很重要的是精神和文化。中国历史数千年，曾遭遇无数次兵燹和灾害，却总能绝处逢生，生生不息，至今仍生机勃勃，是因为我们拥有着深入血脉、代代相传的强大文化基因。

千百年来，中国文化绵延不绝，就如汉字，源远流长。从结绳记事到仓颉造字，汉字的起源蒙着神奇的面纱；但从一百多年前河南省安阳殷墟发现了甲骨文后，汉字的源流就基本清晰了。甲骨文已具有对称、稳定的格局，具备了文字的表意功能，由甲骨文而下，甲骨文—金文—小篆—隶书—楷书—行书，直到现在，汉字已被植入电脑，有了所谓的"打印体"。如今似乎除了学生和书法家，我们都不太需要拿笔了，会敲键盘就行，尽管如此，我们还是用汉语说话，用汉语思考，我们大脑中的数据链仍然是汉字串。

汉字就是一种文化符号。汉字的"福""寿"等等，可以写出很多种形态，笔致方正或飞扬，我们不见得全部认识，但一看就知道这是我们的汉字，外国人也能一眼看出。汉字是根，伴随着日月穿梭和时代变迁，我们的文化在蔓生、延展，文化氤氲在我们生活的方方面面，无论是涓滴如水的日常生活，还是精骛八极、心游万仞的精神活动，中华文化都是我们的血液。

文字是文化的根基之一。汉字的形态之美，对称之美，音韵之美，已经成为我们审美观的基础。对仗和对称，渗入了我们的审美，没有对仗，我们的古诗词就不会是这个样子，也谈不上对联和楹联；象形文字也潜移默化地引导了我们对风景的命名，各地大量的"象鼻山""骆驼峰"就是明证；我们的汉字与中国古代宫殿形制之间，显然存在着可意会却难以尽言的关系。

我们创造了文化，文化又反哺我们。古诗词对中国人的心灵塑造，从《诗经》中的男女情感、稼穑农桑就开始了。"关关雎鸠，在河之洲。窈窕淑女，君子好逑……""硕鼠硕鼠，无食我黍……"更不用说，文天祥的"人生自古谁无死，留取丹心照汗青"那种令人震撼的豪迈和悲壮。民俗节令和家训谚语对中国人的影响和规训自不待言。

文化是渊深的，丰富而庞杂。它顽强，坚韧，却

也活泼茁壮，苟日新，日日新，又日新。随着文化的发展和浓缩，到了一定火候，它自然会拥有符号功能，产生了符号意义。中国文化以其浓重深厚的内涵为基础，一直是中华民族屹立于世界民族之林的外在形象，拥有强大的辐射力；伴随着国力的增强和国家影响力的扩大，中国符号不胫而走，越来越多地出现在世界的各个地方：瓷器、茶叶、丝绸、书法、古琴、二胡、春联、剪纸、饺子、中国结、中国功夫、中国民歌、飞檐斗拱、财神罗汉、舞狮舞龙、威风锣鼓……林林总总，蔚为大观。我们无论是置身其间，亲临其境，还是通过媒体耳闻目睹，都会顿感亲切，自豪之情油然而生。

世界是交融的，中国文化和中国符号，早已进入其他的文化圈，不但出现在世界文化交流的舞台上，也渗入了其他文化生态的细微处。我们被称为"China"是因为瓷器，虽然这可能还不是定论，但"Kungfu"（功夫）这个英文单词确实出现在了英文辞典中。中国艺术家徐冰，在他的成名作《天书》系列中，设计、刻印了数千个"新汉字"，以极具冲击力的图像性和符号性，呈现和探讨了中国文化的本质和思维方式，在世界艺术殿堂中点亮了中国符号的高光时刻……这些都印证了中国文化、中国符号的影响力，也体现了文化符号的交流功能。符号是文化的载体，也是交流的工具和友好的使者。我们浸润在中国文化之中，周遭遍布中国符号，我们可能会习焉不察，熟视无睹，但祖先的遗产是千百代人胼手胝足的智慧结晶，生为中国人，我们是继承者，是学生，更应该是创造者和弘扬者。

从某种角度看，有些文化或符号已失去了实际使用价值，一个文物级别的碗或瓶，当然已不能用于盛水插花，但它们散发着味道和力量。它们陈列在橱窗里，在射光灯投上光线的那一刹那，它们就复活了，焕发出文化和精神的灵光与生机。它们深入人心，无远弗届。它们属于中国，属于我们。

中国符号是中国精神的外化呈现，它以醒目亮眼的客观形式，成为中华文化永远的载体。中国符号，也是中华民族砥砺前行的内在驱动力。

中国文化博大精深，其中很多可以冠之以"中国符号"。《中国符号丛书》讲述了节气、家训、民俗、诗词、楹联、瓷器、建筑、骈文、汉字、绘画中蕴含的中国文化，从历史、发展、分类、特色等多个维度展现了中国文化的独特魅力，多位专家学者付出了努力。这套丛书对弘扬中华优秀传统文化，帮助读者，尤其是青年学生了解中华优秀传统文化，将有所助益。

是为序。

第一章 中国建筑概说

壹

目 录

第二章 中国建筑的起源

贰

第三章 中国古代建筑的奠基

叁

目 录

第四章 中国古代建筑的
发展与成熟

肆

目　录

第五章　中国古代建筑的高峰

伍

第六章 中国建筑的
价值和影响

陆

第一章

中国建筑

概说

　　建筑是人类根据自然环境、地理状况的特点，用泥、石、木、竹、砖、瓦、沙子、钢铁、水泥等材料在固定的地理位置上，按照人类居住和社会活动的功能需求，采用一定的技术方案，根据一定的空间使用要求，运用建筑独特的方法和语言，修建或构筑的室内外空间，以供人类居住或开展社会生产活动，进行日常生活、生产、宗教、政治、军事等活动，同时满足特定文化传统与心理、视觉空间审美等要求。建筑的形象和空间有明显的象征性和形式美，富有地域性、民族性和时代感，具有鲜明的实用价值、文化价值、审美价值和精神价值。

　　在早期，人类为了生存，或居于自然形成的洞穴中、崖壁下，或利用活动区域中简单的植物材料如树枝、树叶、茅草、芦苇等搭建简单的居所，躲避风霜雨雪，寻求安全隐蔽、可以休息睡觉的空间，以改善生存的条件。人类最初的建筑是以居住为主要用途的空间。梁思成在其著作《中国建筑史》中，开篇即提出"建筑之始，产生于实际需要，受制于自然物理"❶，鲜明地指出了建筑的产生在于人的需要，建筑是由人

❶ 梁思成：中国建筑史，生活•读书•新知三联书店，2011，第 1 页。

类智慧发展出的服务于人的构筑物，必然产生于特定地理条件和环境，并受到特定的地质地貌、气候环境、可以利用的物质材料基础等因素的制约。

建筑作为人类社会生存发展的必需品，一直伴随着人类的生产和生活，并随着经济、技术、社会、文化和生产力的发展而不断发展，同时以它独有的功能、空间和审美方式参与塑造人类的日常生活、社会生产活动，乃至精神生活的各个层面，改善人们的生产生活环境和社会活动空间，便利、完善并美化人们的生活，不断提高人类的生存质量。人通过建筑改造自然的同时，也塑造着自己的活动空间与行为模式。

第一节　建筑的概念与分类

建筑是建筑物与构筑物的总称，是人类为了满足日常生活与社会活动的需要，用所掌握的物质技术手段，并运用一定的建筑相关科学规律、文化理念、空间和美学法则创造的人工环境。"建筑"（Architecture）有广义和狭义两种含义。广义的建筑是指人工建筑而成的所有东西，既包括房屋，又包括构筑物。狭义的建筑是指房屋，不包括构筑物。老子曰："埏埴以为器，当其无，有器之用。凿户牖以为室，当其无，有室之用。"❶ 这也是对狭义建筑概念清晰直接的表述。房屋是指有基础、墙、顶、门、窗，能够遮风避雨，供人在内居住、工作、学习、生活、休息、娱乐、储藏物品或进行其他活动的空间场所。构筑物是指房屋以外的建筑物，如桥梁、水坝、

❶ 陈鼓应注译：老子今注今译，商务印书馆，2016，第115页。

围墙、道路、水井、隧道、塔和烟囱等，主要服务于
人类的生产、生活。

　　建筑是人造的、相对于地面固定的、存在一定时
间的物体，它往往具备人所居住和活动的稳定空间，
是人造自然的主体。一般情况下，建筑的建造目的是
既可以得到人可以活动的空间 ❶——建筑内部的空间
和建筑之间围合而成的空间（比如城市中的市民广
场），也可以获得建筑形象 ❷——建筑的外部视觉形
象（如纪念碑）或（和）建筑的内部视觉形象（如礼
堂、展览馆），与特定的文化传统和精神需求连接。

　　在人类的生产、生活、社会活动日益多层次的发
展过程中，为适应这些活动，建筑也发展出各种各样
的类型。建筑以其功能性为标准，一般可分为民居建
筑、宫殿建筑、城垣建筑、纪念性建筑、公共建筑、
宗教建筑、陵墓建筑、园林建筑、生产建筑、军事建
筑等类型。

　　建筑的本质是人类建造的以供居住、进行生产活
动和社会活动的场所，所以，实用性是建筑的首要要
求。由于建筑的建设普遍会耗费较多的人力、物力、
财力，耗费社会资源多，经济成本较高，需要长期使
用，一旦建成即成为人类的财富，因此坚固、安全、
耐久是对其必然的要求。同时，建筑功能的不同需求
和人类普遍的文化与精神需求、艺术审美追求结合，
使建筑空间及其形式与人的精神追求的结合日益密
切，随着人类社会的发展以及物质技术的进步，建筑
越来越具有更多的文化、精神与审美价值。总体来说，
建筑是一种功能实用性与艺术审美性、精神满足性相

❶ 建筑空间是各种建筑
要素通过一定的组织方
式形成的内部与外部空
间的统称。包括通过墙
体、门窗、地面、屋顶等
合围成的建筑内部空间，
以及建筑物与周围环境
中的地面、道路、树木、
山峦、水面、街道、广场
等形成的与建筑在功能
和视觉上密切联系的外
部空间。

❷ 建筑形象是指建筑的
艺术形象。即通过建筑外
部形体的视觉造型和内
部空间及其结构、装饰的
组合，并通过其表面材料
的色彩和质感，包括建筑
各部分的修饰处理等形
成的综合艺术效果。

结合的艺术。

第二节　中国建筑的特征

中国建筑几千年来一直稳定发展，较少受到外来因素的影响，在秦汉时期确定基本制度与技术系统后，在具有稳定、连续特征的中华文化的影响下，表现出强烈的稳定性，直至最后一个封建王朝清朝落幕，都呈现出较为恒定的技术与风格特征。其后，在近现代西方科技文化的强势介入下，中国的建筑也开始更多地吸收西方技术、文化与理念，开启了向近现代建筑转化的进程，并随着国家经济、技术、科技、工业文明的进步，进入新的发展阶段。新中国成立后，尤其是改革开放以后，我国对世界建筑技术和潮流的吸收接纳表现出更加开放的态度，逐渐形成现代、多样的建筑风格，既有对传统风格理念的继承与发扬，也有对现代新技术和理念的积极实践探索，以满足中国现代化的全方位发展和人们的多元化需求。因此，我们可以把中国建筑的发展历程分为古代和近现代两个既有显著区别又相互联系的阶段。我们一般把远古时期至清代的建筑统称为中国古代建筑（或称为传统建筑），把清代政权消亡之后至今建造的有别于传统技术风格样式的建筑称为近现代建筑。

一、中国建筑的地理区域特征

俯瞰世界地理与文明，在地球上不同的地理区域，亿万年来的地质与气候相互作用，塑造了各地不

同的地质与地形地貌，形成了各地不同的自然环境。
伴随着生命的诞生，在不同地区，逐渐孕育出各种相
似或不同的生态系统。人类诞生于这个生态系统，同
时它也是人类赖以生存的基础。人适应这个系统，并
以自己的智慧利用这个系统，发展出了今天的人类社
会，最后形成了一些具有典型地理区域特征的人类文
明和民族文化。中国建筑就是中华民族创造的一种物
质文明，核心地区是黄淮流域中下游和长江流域中下
游，但其影响随着中华文明影响的扩散，几乎遍布包
括喜马拉雅山脉以东的整个亚洲地区。

　　在中国独特的自然地理和文化环境中，人们开始
的居住环境是对洞穴（如北京周口店龙骨山岩洞）、
崖壁的利用，后来工具的制作、利用能力和技术不断
发展，有了人工建造的巢和穴作为居住的处所，这是
中国原始社会人们的居住形式。其后，再慢慢演化成
土木、干阑式的简单居住用建筑，也建设一些储藏的
窖穴、墓葬、祭祀场所等，随着社会的发展，逐渐形
成民居聚落和城市，开始建筑城垣、宫殿、官署、寺
观、住宅、作坊、仓库等丰富多样的建筑形式。在这
一过程中，根据不同功能，人们合理利用地域资源、
条件与环境，在中华大地上创造出广泛而多样的建筑
类型与样式，逐渐完善了以木结构为主、砖木结合的
建筑工艺技术，形成了体系化、制度化、多样化的中
国建筑形式系统。

　　地理环境、自然条件的明显差异造成资源禀赋的
不同，我国的建筑虽然逐渐形成以汉地木构为主的基
本统一的建筑方法和样式，但仍然存在几个建筑风格

差异明显的地区，即华北地区（传统的中原地区），江南地区（长江中下游地区），西南、西北地区（包括这些地区的少数民族地区）。汉族核心地区中原、江南的建筑样式、技术、造型、装饰也随着政治经济文化的影响渗透扩散到边远地区，如西南、西北（包括新疆、西藏、内蒙古等地）、东北等地区，对这些地区的建筑产生明显的影响。

华北中原地区是中华文明的核心地区和主要起源地，这一地区的建筑起源于穴居，后逐渐发展成木构框架、土筑墙体的建筑。随着秦汉及之后多代王朝的统一，华北中原地区慢慢融合了南方的干阑式建筑 ❶，加上大量建筑都城宫殿，逐渐形成了官式建筑的基本模式和等级规制。由于宫殿等建筑宽大的空间需求，官式木构以抬梁式木构为主，对木材要求较高，墙体逐渐减少土筑、砖石，增加木材的墙体构成。由统一王朝规定的各地官式建筑规制，成为贵戚、官宦、官员士绅宅第府园的主要建筑样式。而底层的民居等，虽逐渐增多木构框架，但限于成本、材料、牢固性、保暖效果等，仍然有较多土质、砖石墙体。

江南地区由于水网密布，建筑起源为巢居，慢慢形成干阑式建筑，后逐渐发展成成熟的穿斗式木构建筑。这种建筑对南方地区的水网、山岭地形和湿热气候的适应，使之扩散应用到广大的西南、岭南地区，成为这些地区民居在官式建筑之外的主要建筑样式。目前，除了长江中下游乡村存在大量的穿斗式建筑 ❷，在西南的云贵川等地，也遗存大量的穿斗式建筑。由于

❶ 干阑式建筑是以木柱作为支撑，在高出地面搭建的框架上建筑的房屋。考古发现最早的干阑式建筑是河姆渡干阑式建筑。这种建筑以木头（竹）为主要建筑材料，下层放养动物和堆放杂物，上层住人。

❷ 穿斗式是指以柱直接承檩，无须通过梁传递荷载的房屋建筑方式。穿斗式构架沿着房屋的进深方向立柱，用穿枋把立柱纵向串联起来，形成一榀榀屋架，檩条直接安装在柱头上，由此形成一个整体框架。

民居的空间并不要求像宫殿那样巨大，穿斗式建筑的木架构支撑方式不仅适合水网地带，也非常适合山区崎岖的地形，而并不需要大规模的平整地形，因而成为这些地区民居建筑最实用、使用最广泛的建筑样式。

西北地区气候干燥少雨，温差大，树木植被较少，在穴居基础上发展成的地面建筑以土石构筑为主，房屋梁架和柱子等框架结构一般使用木构，砖瓦技术成熟后，土石砖瓦结合部分的木构框架成为这一地区的主流建筑结构。这一地区独特的地方建筑样式，在融入统一的国家和政治经济文化的过程中，也受主流政治经济文化意识的影响，不断吸收汉地建筑的一些建筑方法、样式、装饰等，但在墙体材料、装饰等方面仍然保持比较鲜明的地区和民族特色。

二、中国建筑的体系特征

自中华文明成形以来，从原始社会到夏商周时期直至清朝封建王朝结束，中国建筑的体系特征可以在从考古发掘中发现的遗址遗物中得到印证，在历史记载和现有遗存中得到体现。历经几千年，中国建筑已逐渐形成一套传统的、比较稳定成熟的建筑体系和风格。

建筑"结构之系统及形式之派别，乃其材料环境所形成"[1]。从原始社会时期开始，因地制宜的多样化建筑分布广泛：黄河流域有窑洞（如宁夏海原县菜园村林子梁窑洞）和穴居（如河南新郑市裴李岗文化聚落半穴居建筑）遗存；陕西西安半坡仰韶文化聚落

[1] 梁思成：中国建筑史，生活·读书·新知三联书店，2011，第1页。

遗址包含了功能与形式多样的建筑，有住房、窖穴、畜栏等；陕西临潼姜寨新石器时期聚落有大量的房屋、窖穴（灰坑）、窑场、陶器作坊、壕沟、墓葬等；还有内蒙古红山文化的石构建筑。长江流域有浙江余姚市河姆渡遗址聚落的大量干阑式建筑、杭州余杭良渚文化土木结构建筑等。❶

❶ 刘叙杰：中国古代建筑史 第一卷，中国建筑工业出版社，2009，第46-59页。

至夏商时期，建筑发展迅速，除了已有的城市、聚落、民居、坛庙、作坊等，开始出现为统治阶级服务的宫殿、苑囿、官署、监狱、祭祀建筑等，如河南偃师商城遗址、郑州商城遗址有城垣围护的城市遗址、河南安阳市殷墟遗址等。

至周代，封建社会逐渐形成，社会等级制度开始有了明确的规定，建筑开始形成比较完备和通用的制式。从城市的城垣尺度，到城门、城楼、角台大小，到宫室内部的布局与大小都有了明确的规定，这些也反映在墓葬的规模、大小等方面。木构建筑更加复杂，陶质砖瓦大量使用，奠定了我国封建社会建筑体系的基本格局。

至秦汉，国家统一，国家空前强大，建筑取得更高成就，形成影响后世的建筑经验与方法、系统。至此，大一统国家和民族文化形成，建筑样式逐渐形成具有鲜明民族文化特征和风格的木架结构，历经几千年的时间，其技术系统和原则、形式风格特征基本稳定。正如梁思成所总结的："中国……建筑之基本结构及布署之原则，仅有和缓之变迁，顺序之进展，直至最近半世纪，未受其他建筑之影响。"❷

❷ 梁思成：中国建筑史，生活·读书·新知三联书店，2011，第1页。

（一）中国古代建筑材料与技术的稳定发展

长期以来，中国古代建筑形成了一套较为稳定的建筑方法，在材料上逐渐完善，并运用砖木混合结构的材料系统，最终形成了以木构为核心的建筑材料体系。从原始社会开始，黄河流域气候较为干燥，雨水较少，冬夏、早晚温差大，原始居民掌握了使用工具挖掘洞穴的方法后，通过观察自然，发现在泥土中挖穴居住的好处，不仅冬暖夏凉、修筑简单，还隐蔽安全、便于防御，于是逐渐形成了以黄土地区为代表的穴居样式。此样式逐渐发展成地面的木构框架和土筑墙体的土木建筑样式。而长江流域由于水网沼泽密布，有面积广大的低洼湿地，地下水丰富，气候湿热，除平原外也有较多丘陵和山地，逐渐发展出以树木为基础的筑巢居住样式，后随着社会经济与技术的发展，慢慢发展出木构柱子支撑的木结构居住样式。随着国家政权力量的扩大，统治范围日益广阔，帝王需营建都城与宫殿，尤其是宫殿建筑的大空间需求，推动了木构在宫殿等房屋中的使用。制陶技术也逐渐运用在屋面防水等方面。

随着木材加工技术的提高，尤其是铁器的运用更便利了木材的加工，加上丰富的林木资源，木架结构开始在宫殿等建筑中广泛使用。陶器烧制技术在原始社会就已经出现，开始主要是制作陶罐等，用于盛水、食物和储藏粮食等用途。陶质器件坚固、耐用、水不易侵蚀的特点，非常适合建筑用途，于是逐渐改进制作工艺和技术，慢慢发展出制作陶瓦和制砖的技术，把陶瓦和砖作为建筑材料用于屋面防水和墙体砌筑、

地基修造等，并逐渐普及。陶瓦的重量较大，在木构技术能在较大空间达到承重要求后，由于陶瓦烧造材料为黏土，容易获得，随着烧陶技术的普及，陶瓦的使用逐渐普遍起来。屋基的筑台防水围护也逐渐发展起来，砖石的运用增多。墙体从初期的泥墙夹竹木，逐渐发展为直接使用木材。石材由于其坚固的特性，开始在普遍加工后用作房屋基础和围护。制砖技术出现并逐渐完善，由于其可塑性优于石材，且可大规模制造，取材便利、经济，取用不竭，因此使用日渐频繁，尤其在石材缺乏地区更是如此。在周王朝末期和秦汉时代的宫殿等建筑遗址中发现了大量砖瓦材料，尤其秦汉时期的建筑遗址中有大量的砖瓦构件，有"秦砖汉瓦" **❶** 之说，说明砖瓦在秦汉时期的制作技术已经比较成熟，砖瓦已经成为一种较为普遍的建筑材料，得到大量使用。北方冬季严寒，土筑墙体因优良的保温和防护作用得到青睐，加上易于塑形、就地取材方便，土筑墙体成为这一时期的主流。从秦汉时期的建筑遗迹尤其是宫殿遗址以及文献记载中可以看出，柱梁门窗用木构、屋面用瓦顶、墙体为砖构或土筑、砖石作木柱基础和基台围护成为这一时期的基本使用模式。由于石材坚固不透水，在建筑的基础部分，尤其是建筑的立柱基础和墙体接近地面的基础部分逐渐统一使用石材。

经济的发展和技术的进步，在建筑上主要体现为木材加工技术、砖瓦烧造技术的提高，尤其是铁器的广泛使用和加工技术的进步，提高了木材加工和砖瓦制造的技术和效率，木构和砖瓦根据经济条件不同成

❶ 秦砖汉瓦，秦汉时期建筑中出现了富有特色的砖和瓦当，后世为纪念和说明秦汉时期建筑装饰的辉煌和鼎盛，把这一时期的砖瓦统称为"秦砖汉瓦"。

为技术选择组合运用在不同的建筑中。制砖技术逐渐成熟和普及，砖在建筑中的使用日益广泛，除了用作居住建筑的墙体和院落墙垣，更可在筑城中用作土质城墙的围护，作为巩固城池的关键材料。砖在明代的使用达到高峰，至今仍然留下众多城砖加固的明代城墙。木材用作建筑的斗梁、墙体与装饰等构件能营造更加华丽的视觉效果和舒适的居住体验，但木材加工构筑技术较为复杂，要求木工匠人有较高的技术水平，且能用于建筑的合格木材逐渐缺乏，木构建筑成本较高，木材慢慢成为皇室宫殿苑囿、贵族富商宅园的主要建筑材料，在建筑柱梁斗椽和墙体门窗中大量使用，屋顶则由造型简单的本色黑灰瓦顶演化成造型复杂的彩色琉璃瓦❶。木材在普通民居中的使用范围和频率变小，仅用于关键和不可缺少的地方，如柱梁椽、门窗、家具等。砖石由于耐风雨侵蚀，也成为墙体和户外工程的建筑材料。由于制砖材料来自泥土，取材便利，制砖技术普及后容易获得，而木材逐渐稀少贵重，加上砖墙比较坚固，有较好的保温防护作用，砖墙加上木柱梁和瓦顶成为北方较为普遍的建筑形式，并根据经济条件选择复杂或简单的造型组合。土墙最为便宜，但保温、防风性能良好，因此土墙灰瓦顶、简单木梁椽屋架成为底层人民选用的最简单朴素的建筑样式。

　　南方则由于湿热、雨水多、平原水网带土质地基含水量大等地理气候条件，除官式建筑由源于宫殿建筑的等级标准规定以外，大多数则由巢居发展成为木构穿斗式建筑，在砖石围护的高于平地的夯筑基台上，

❶ 琉璃瓦，在坯胎瓦上挂上琉璃釉，然后烧制成的瓦件。琉璃瓦面因为上釉变得十分光洁，可以加速雨后的排水，并且光洁的表面也比较美观。随着不断的发展，琉璃瓦的形象制作越来越美观，其装饰性便逐渐被提升。

以砖石作柱网和墙体的基底，利用砖石的不透水特性隔绝雨水，并防止水分向上侵蚀、软化柱体和墙体，墙体则以砖墙或版筑土墙或竹木编结抹泥灰墙为主。砖墙虽然坚固且墙体塑造便利，但由于造价较高，使用受到一定的限制，如果缺少木材或者为了降低成本则一般用版筑土墙或竹木编结抹泥墙体。最简单的泥墙、木梁椽、青瓦成为南方地区广大底层人民居住建筑的基础样式。金属材料由于贵重、加工难、产量少、重量大等，多用于建筑装饰件和活动铰接、固定材料等小部件，用作柱梁、屋顶、瓦等的情况较少。

由此可见，中国传统建筑的工程材料和技术以木构为核心，最高等级的建筑是宫殿、苑囿、坛庙等皇家建筑，通常使用巨大、昂贵的高品质木材（楠木、檀木、柏木等），其他贵族、王府宅第、官式行政建筑使用的木材等级则随建筑等级的降低依次降低，但仍然以木构为核心。由于中国古代渐次发展完善的木构技术处于领先地位，木材也成为传统建筑的核心材料，而砖石构筑空间的拱券❶技术后来才逐渐随宗教建筑进入中国，其冰冷坚固的特质、构建大跨度空间的困难，使其并不能成为中国古代宫殿等主流大空间建筑的主流技术，因此多用于城垣、陵墓、墙垣、佛塔等非居住空间，因其坚固的特性多被用于宫殿、居住建筑的基础，部分用于墙体。因此，中国传统建筑以木构建筑技术为核心，搭建支撑建筑的主要空间和架构，砖石瓦土则各自发挥自己的优势，在自然气候、材料地域特质、经济成本以及技术掌握等各项情况都不同的条件下，根据营造者的要求和条件灵活组

❶拱券，又称券洞、法圈、法券，是一种建筑结构。由块状料（砖、石、土坯）砌成跨空砌体，其外形为圆弧状，由于各种建筑类型的不同，拱券的形式略有变化。

合，并在造型和装饰等细节上形成各地不同的特色。由此可见，"土木"❶这个词语，就是对中国传统建筑材料系统核心的提炼概括。围绕"木"这一核心，土、石、砖、瓦辅助，在此基础上总结发展的应用技术，构成了中国古代建筑的材料系统和技术系统。从高级建筑到民居建筑，使用木材等级次第降低，数量次第减少，至于起辅助作用的砖、石、土的使用，则依据经济成本和获得的难易程度，结合自然地理环境及使用者需求，在满足基本安全、牢固的情况下，在底层居民的建筑中，越便宜的土石使用得越多。可以说，中国几千年的古代建筑发展史就是在"土""木"建筑材料和技术上不断丰富和完善的历史。

（二）中国古代建筑的文化特征

"中国建筑之个性乃即我民族之性格，即我艺术及思想特殊之一部，非但在其结构本身之材质方法而已。"❷建筑乃为人所创造，并为人所用，人们根据用途的不同创造出各种类型的形式，其中必然被赋予人的所思所想，因此，建筑也是人类思想的载体，受到观念的指引，成为观念的产物，既是物质财富，也寄托或体现人的精神意志，成为文化的载体，属于文化的重要组成部分。可以说，中国古代建筑是中国文化的载体，其本身就是中国文化的一部分。

1. 中国传统建筑是观念物化的系统："天人合一"观念的载体和象征

建筑来源于人的安全与生存的需求，古时人类

❶ 土木，土和木是中国建筑自古以来采用的主要材料。广义的土木工程指包括房屋建筑在内的所有的建造各类工程设施所进行的各项技术工作、工程实体和学科体系。

❷ 梁思成：中国建筑史，生活·读书·新知三联书店，2011，第1页。

面对无法解释和理解的现象，尤其是伤害人类的自然灾害，除了寻求巫术等超自然的力量来庇护自己，也在仔细地观察自然以寻求答案，因此，天庭神话系统作为一种解释被发展出来。《周易》云："古者包牺氏之王天下也，仰则观象于天，俯则观法于地，观鸟兽之文与地之宜，近取诸身，远取诸物，于是始作八卦，以通神明之德，以类万物之情。"❶

❶兰甲云译注：周易通释，岳麓书社，2016，第 266 页。

天、地、物与人，关乎生存，无不需要仔细观察，并觉察到它们之间的关系，虽然对其深藏的、相互关联的科学知识并不理解，但表面的联系却被观察到，于是构建了天、地、人相互关联的文化体系。从渔猎社会进入农耕社会，季节变换与天空星象的关联被逐渐发现，于是中国古人标记了以北斗为核心的天象图，以区分农时季节与年月的循环更替，并把星系的方位标记为天神的住所，形成了初步的天人感应系统。中国古人把构成万物的成分归结为金木水火土，把日月和命名的金木水火土星体运行联系起来，又把星空方位分成东西南北中五大区，把时间系统运行与空间方位的秩序对应起来，天区图像和时段对应组成了时空坐标系统，进而把地理区位与行政区域划分对应起来，最终形成了天、地、人相互作用的体系，"天人感应""天人合一"的观念开始建立起来。❷金木水火土的相生相克解释万物起源形成"五行说"❸，并以白青黑赤黄的五色区别，赋予五色以象征体系。五行说把天、地、人、物、时间、星辰等一切事物归结为五行相生相克这个有序的系统，表达人与世界的因果相生，紧密关联，各种因素互为表里，相互感应，形

❷居阅时：中国建筑与园林文化，上海人民出版社，2014，第 7 页。

❸五行学说是中国自古以来的一种哲学思想，以日常生活的五种物质——金、木、水、火、土，作为构成宇宙万物及各种自然现象变化的基础。

成了天、地、人共生的文化系统。中国古人通过观察到的事物之间的联系，以联想、比附的方式赋予了人为的思维与观念，这种观念不断地渗透进建筑的营造中，使建筑成为这些观念和思想的物质载体和象征。《道德经》"人法地，地法天，天法道，道法自然"❶反映在建筑中首先就是都城的建筑布置，尤其是早期的都城以天象作为平面布局的规划，在星宿对应的位置布置相关建筑。如伍子胥建阖闾城，"相土尝水""象法天地"，可见在周代象法天地在建筑规划中的观念地位和实际落实。《三辅黄图》记载秦始皇"二十七年作信宫渭南，已而更命信宫为极庙，象天极。……渭水贯都，以象天汉；横桥南渡，以法牵牛"❷。秦始皇命人在咸阳宫南面的渭水上设复道，在渭水南岸建阿房宫，咸阳宫与阿房宫以复道相连，咸阳宫象征天上帝宫，阿房宫象征天上离宫，复道象征天上银河，以此借助天神的威力为政治服务。即使以《周礼·考工记》的方形都城为蓝本，历代都城的重要建筑位置和布局也多参考宇宙星图的位置与空间相互关系，这在民间住宅乃至陵墓的布局中也多有体现。由此可见，中国传统建筑是"天人合一"观念的载体和象征。

2. 中国传统建筑是秩序等级制度文化的载体

《周礼·考工记》记载："匠人营国，方九里，旁三门。"❸这成为都城营建规模的基本要求。《仪礼》云："天子至尊也""君至尊也"❹，《周易·系辞》写道："阳卦奇，阴卦耦。其德行何也？阳一君而二民，君子之道也。"❺统治者运用"天人合一""天人感应"鼓吹君权神授以树立帝王威信，认为"天道"与

❶ 陈鼓应注译：老子今注今译，商务印书馆，2016，第 169 页。

❷ 陈直校证：三辅黄图校证，陕西人民出版社，1980，第 6 页。

❸ （清）李光坡：周礼述注，商务印书馆，2019，第 464 页。

❹ （清）李光坡：仪礼述注，陈忠义点校，商务印书馆，2018，第 205 页。

❺ 兰甲云译注：周易通释，岳麓书社，2016，第 267 页。

"人道"合一，把统治者与上天联系在一起，帝王成为天道的执行者，从而为统治者笼罩上神圣的光环。君权神授，帝王居于最崇高的地位，相应地，都城及其中的帝王宫殿就是全国建筑中的最高等级。因此，在中国封建统治时期，为了保证帝王的最高权力，在建筑上动用国家权力与财力营造最大规模的都城和最辉煌的宫殿建筑就成为自然的选择，并在法令上加以规定，以保证都城与帝王宫殿在规模、尺度上的最高等级，其他诸侯、贵戚、官宦依等次建筑而不得超越。因此，建筑和城池等的规模体量都呈现等级差序。如在城池规模上，周代规定帝王都城九里，那么上等诸侯的城池规模就不得超过王都的三分之一，中等诸侯的城池规模就不得超过王都的五分之一，低等诸侯的城池规模不得超过王都的九分之一。宫殿及居室也有规定，周代天子居室开五门，士大夫居室开三门。唐朝规定三品以上官吏的居室不得超过五间九架，六品以下不得超过三间九架。

《礼记》提出天子所在的都城内城及宫殿的配置，据郑玄所注，采用三朝五门 ❶ 的制度，唐时按其意设西内五门和三朝，还通过门阙的大体量和所组成的空间来彰显帝王的崇高与威严。明初朱元璋大力恢复汉族文化传统，刻意借"天道"来加强礼制在宫殿建筑上的作用。❷ 他认为："礼者，天地之序也。"❸"故人者，其天地之德、阴阳之交、鬼神之会、五行之秀气也。故天秉阳、垂日星，地秉阴、窍于山川，播五行于四时，和而后月生也……故圣人作，则必以天地

❶ 三朝五门，周代的宫殿建筑制度。周天子设有外朝、治朝、内朝三朝，皋门、库门、雉门、应门、路门五门，合称三朝五门。

❷ 潘谷西：中国古代建筑史 第四卷，中国建筑工业出版社，2009，第115页。

❸ 陈戍国导读、校注：礼记，岳麓书社，2019，第266页。

为本，以阴阳为端，以四时为柄，以日星为纪，月以为量。"[1] 讲究"天人感应"和礼制秩序的明太祖，在南京宫殿中极力利用这些原则来强化皇帝至高无上的地位和礼制的权威，最终使南京宫殿建筑成为尊崇封建集权统治和严格礼制秩序，又结合自然、顺应地势的典范。永乐年间迁都北京，在宫殿形制上按南京宫殿设三殿五门，按等级次序，左右阴阳等风水惯例在中心宫殿轴线左右前后设门阙及其他宫室，构建完成明朝北京宫殿的格局。在官员宅院等建筑上也有明确规定，即一、二品官员厅堂为五间九架，三品至五品官员厅堂为五间七架，正门一间二架，庶民百姓堂屋不得超过三间。《大清会典》规定公侯以下，三品以上房屋占基高二尺，四品以下到士民的房屋占基高一尺。王府正门五间，正殿七间，后殿五间，一般百姓的正房不超过三间，违背者按"僭越"治罪。

在建筑的具体样式和装修装饰上，也往往有明确的等级规定，无不以帝王宫殿作为最高等级。如中国古代屋顶的最高等级为庑殿顶，只能用于皇宫和寺庙的主要大殿的屋顶，而重檐等级又高于单檐。其次是歇山顶，再次为悬山顶，更次为硬山顶。屋顶等级的象征次序依次为：庑殿顶＞歇山顶＞悬山顶＞硬山顶。故宫中的太和殿屋顶为重檐庑殿顶，是最高等级。此外，建筑的围栏、台基、斗拱等也规定了严格的数量和尺度秩序，只有宫殿等帝王建筑才能采用最高等级，其中"九""五"为帝王专属，是为"九五之尊"才能使用的数字。"九"是个位的最大数，《易经·乾卦》曰："乾元用九，天下治也。""九五：飞龙在

[1] 陈戍国导读、校注：礼记，岳麓书社，2019，第 151 页。

❶ 兰甲云译注：周易通释，岳麓书社，2016，第1-3页。

天，利见大人。"❶ 可见在《易经》中，"九"表示阳数之极，象征神圣和吉祥。在皇宫布局中还有很多采用"九""五"的数量关系，或使用奇数（即阳数，代表天、男人），如清代故宫紫禁城的门阙数量多为五阙，而门上重楼长、宽则选用面阔九开间，进深五开间，太和门则是三门九开间，而东西两宫进数则多为阴数（即偶数，代表地、女人）。以此为最高等级，其他王公贵戚及官宦、地方官员使用的建筑，则依规制与帝王之数拉开差距，形成数量上的等级秩序。纵观各地遗存的地方建筑、官宦宅园，与帝王皇宫建筑相比较，一般都遵循着这些等级规定。

建筑颜色也反映了古代的等级制度。五行说的方位配以动物与颜色，形成五色系统，即东官青龙、南官朱雀、西官白虎、北官玄武、中官黄色。五行的相生相克，形成五色的尊贵等级秩序。古人认为，血液是生命的源泉，血液的红色象征生命力。我国殷商时期的墓葬中发现用红色文身和涂抹墓葬用品的现象。周代崇尚红色，宫殿主色为红色，军队士兵衣服也是红色，周代把炎帝和祝融当作太阳神和火神崇拜，祭夏时天子与公卿着红色衣服；而周代诸侯的房屋柱子为黑色，是仅次于皇宫色彩的第二等颜色；周代大夫房屋柱子的颜色为青色，是第三等的颜色；黄色位列第四等，士的房屋柱子为黄色。秦朝以水为德，对应的是黑色，所以崇尚黑色，秦朝百姓乃至士兵的衣服一律是黑色。皇宫屋顶用黄色琉璃瓦始于宋代。明清时期对屋顶颜色的等级秩序做了严格规定，只有宫殿、陵墓、坛庙、孔庙、

关帝庙才能用黄色琉璃瓦顶。绿色琉璃瓦属于第二等级，用于太子居住的房屋，祭天的天坛用蓝色琉璃瓦，象征天空。黑色在五行中象征水，藏书楼需要防火，所以文渊阁、寺观藏经楼屋顶用黑色，寓意以水压火。黑色屋顶等级最低，为普通民居所用。白色是西方的色彩。因为太白金星方位在西方，所以太白金星的坐骑为白虎。另外，白色与金属刀剑联系，象征着杀伐，与死亡相关，是丧事穿素服（白色衣帽和鞋子）的原因。白色因此有贬斥的意味，如戏曲中反面人物为白脸，而帝王贵族会避免在建筑墙面使用白色。

3. 中国传统建筑是安全与防卫需求的产物：从民居到皇宫、城池、关隘

建筑诞生的主要原因之一是人生存必需的安全。人在夜晚需要睡觉休息，睡眠中的人无意识，不能对外界侵袭做出适当反应，为了寻找或建造安全隐蔽的居所，避免野兽和风雪等的伤害，最早发展出了穴居与巢居建筑。随后发展成地面建筑的建造，形成围护的墙体和屋顶、进出的门，隔开自然风霜雨雪，并能够在夜晚休息睡觉时躲避野兽和预防他人的侵害。各个时代，民居建筑除了满足生活空间的需求，保护家人的安全一直是一个核心的需求，在住宅墙体、院落墙垣的设计、布局及材料的选择上，都会仔细考虑其安全性，以起到对外人偷盗、抢劫、侵害等的防御作用。民居的布局和建设一般都带有防卫和安全保护性质，典型的如北方的四合院住宅、一些地方的家族宅院设计等。四合院四面围合成院落，既考虑空间利用

的最大化，也是安全需求的产物。除了防范盗贼，还可在专制统治压迫下借助围墙与外界隔绝，躲避外人偷窥，增加个人自由和安全感。尤其在战争、动乱频繁的时代，不安全感更是刺激了乡村民居的防卫设计与建筑活动。从单户人家住宅、院落和围墙的设计到家族聚居形成的村寨、宅院等，在各地形成众多具有地方特色的民居宅院、村堡、山寨。如汉末动乱时期乡村修筑坞堡，对聚居的乡村居民通过建立围墙进行统一保护；明代南方及沿海由于倭寇入侵和地方动乱增多，也刺激民间修筑类似坞堡的建筑，把聚集在乡村聚落的居民统一集中起来进行保护和自卫。在全国广阔的乡村，尤其是山区闭塞区域，至今仍然留有不少明清时期修建的防卫性质突出的村落宅院、山寨、碉楼等民居聚落。如福建的土楼民居，以厚实的土墙形成环形建筑，高大的超过三层，能居住一个家族的十几甚至几十户人家，只有一个进出的狭小口门，朝外开启的窗户狭小并集中在高层，第一层几乎不对外开窗，所有房屋朝向圆形建筑中心开门开窗，形成较为严密的防卫设计。

进入石器时代，随着人口的繁衍聚集形成族群居住聚落，族群之间的竞争和对资源的争夺，使其他族群的侵袭成为族群安全的主要威胁。为了防止其他族群侵害并保证本族群的安全，修筑城垣以围护、保护本族群安全的活动应运而生。从古至今，留下了大量的城市城墙遗址或者较为完整的城墙围护的城市遗址。自原始社会时期，筑城活动就一直在进行，如目前发现的石峁遗址，就是我国早期城池建筑的源头之

❶ 福建的土楼，位于福建南部的漳州、南靖、龙岩、永定一带。其外为圆形或方形，平面直径为 40～90 米，高约 13 米。外观是高大土墙中有少量小窗洞，像一座土碉堡。现存土楼 2 万多幢，分布范围约 2000 平方公里。

一。自有文字记载起，筑城活动就一直伴随着城市建设不断发展。战国时期，各诸侯国相互攻伐兼并，修筑坚固的城池以作防卫就是有效的安全保护手段，能保护城内居民及其财产安全，并能更好地抵御进攻的敌人。因此从战国时期开始，修筑高大坚固的城墙保护城市就成为古代中国城市建设的一个普遍现象。早期修筑的围护都城等城市的城墙一般以土墙为主，有些也用砖石作城墙基础或包砌墙体。由于城墙的修筑工程量极大，而砖石虽然坚固耐久，但开采制造成本很高，并且生产速度较低，同时受筑城所在地的土壤地质等影响而便利程度不同，因此砖石在筑城中应用的范围不同，在砖石材料生产困难的地方往往用得较少。在历代文献记载的帝王皇城和都城（内城和外城）的规划中，都有对城墙、护城河等比较详细的记载。明代由于经济的繁荣和制砖技术的成熟与普及，动乱与外敌侵扰的威胁等，开始对城墙进行大规模包砖砌筑，很多坚固城墙等砖砌建筑遗留至今，如明代南京城墙遗存、明代所筑山海关城、嘉峪关城、陕西榆林城、山西平遥古城等。作为最高等级建筑群的都城中的皇室宫殿群，也往往以高大的城墙围护，有的还有护城河将其与外城隔开，以保护帝王及其家庭和相应服务机构的安全。

　　除城池之外，由于防卫的需求和军事理论的发展，国家或者地区政权为了进行国家或者区域的防卫，往往利用自然地理条件在特定地区形成的关隘、交通要道的咽喉关键处、绵延山岭的山口与山间通道出入的险要处修筑关城，利用险峻的地理条件在阻止外敌

❶ 一夫当关万夫莫开，
源自李白《蜀道难》："剑
阁峥嵘而崔嵬，一夫当
关，万夫莫开"，此诗句
描绘了剑门关雄伟、险
峻的地势和战略地位。

❷ 官式建筑指中国古代
以官方颁布的建筑规范
为蓝本，营造的宫殿寺庙
等建筑形式，施工中按照
规范要求进行。

入侵时发挥有效的防卫功能，"一夫当关万夫莫开"❶，起到事半功倍的作用。在中国历史上的不同时期，国家都对关隘在军事防卫上的作用有深刻认识，建造了大量的关隘建筑，熟悉中国基本历史的人都会对许多著名的关隘耳熟能详，如洛阳东面扼守关中平原的虎牢关和函谷关、连通华北与东北的山海关、扼守丝绸之路的嘉峪关、通往四川成都平原的剑门关等，在历史上都曾经发挥重大的作用。此外中原王朝为了防备北方游牧民族的袭扰，从战国时期起就一直在修筑长城。著名的长城修筑时期是秦汉和明代，留下了大量的长城遗址，遗存最多的是明长城，其由于砖石砌筑范围大，坚固雄伟，绵延屹立在北方的崇山峻岭之上。

由此可见，中国传统建筑诞生和发展的一个重要原因就是安全与防卫需求。

4. 中国传统建筑精神具有二元格局：官式建筑与园林建筑

建筑是观念的载体，思维、思想的物化。封建统治的强化表现为对最高统治者君权神授合法性的强化，并规定以地位的尊卑进行建筑等级的规定与划分，从最高等级的帝王宫殿直至最底层的民居建筑，都做出了空间尺度、材料、外形、结构的限定。为维护集权统治，等级制度维护了帝王的权威，国家机器的执行力保证了建筑等级差序的落实，形成了官式建筑❷的严格等级。这种建筑的等级形式表现出的是政治的服从，体现了儒家思想对封建等级社会秩序的尊重，符合帝王统治的理念。因此，官式建筑是政治服从和等级观念的体现，其思想是严肃的、规整的、秩序的，以帝王为中心的差序格局，是用法令、国家机器加以保证的。然而，人性本身又渴望自由并需要精神的寄托，反映在建筑上则是中国园林的经久不衰，从皇家苑囿到官宦、富商、文人的园林营造，直至普通百姓的花园情结，对园林自由洒脱的精神、自由惬意的意趣的孜孜以求，体现出人们对精神家园的强烈需求。园林与自然山水的融合，自然灵动，有天然所成的"道"的意味，体现了与儒家严谨秩序思想不同的道家思想，追求闲适旷达的情调和官场失意后寄情山水的自我疗愈，以山水符号寄寓思想抱负，获得精神的解脱与自由，成为精神的家园。皇家园林是帝王巩固秩序后追求自由精神的体现，私家园林是文人士大夫及官宦、富豪追求自由精神家园的处所。因此，中国传统的官式建筑与园林建筑分别是秩序与精神自由的表现与载体，体现出中国传统建筑在精神表现上的二元格局。

5. 祈福愿景：中国传统建筑的风水与祈愿

中国传统建筑是文化观念的建筑架构，人们的愿望与祈求也必然体现在建筑中。建筑一旦形成，人们往往会居住几十年甚至历代传承，人们对美好生活的向往、祈愿和各种思想也一起融入建筑的布局与装饰装修中。从皇家建筑到民居建筑乃至陵墓，风水逐渐盛行，人们对福祉、安全等的愿望通过各种建筑布局设计以及建筑构件表达出来。

风水理论的逐渐成熟，对建筑的规划设计产生了重大的影响，从选址到房屋布局结构设计，风水都发

挥着越来越重要的作用。风水起初是实用的产物。在
七千年前的河姆渡遗址和稍晚的半坡遗址，先民已经
有经验地选择建筑的坐北朝南方向，以取得最佳的光
照与通风效果，达到居住空间与环境的实用性，这是
风水的起源。这种实用性其实是对人所居住的空间与
环境适应性关系的经验总结，包含了建筑科学的基本
原理。除了居住建筑的朝向，慢慢在选址上也形成一
套风水模式，更大范围的城市选址和布局，其实用的
经验总结也逐渐成为风水的内容。如城市选址要求背
山面水，三面环山，形成天然屏障，有利于军事防御，
符合安全原则；水源丰富，便利生产生活。陵墓选址
注重风水也是同样的原理，背山面水，三面环山，背
北向阳，不易受中国秋冬西、北季风与寒流的侵蚀，
山水相连，植被完好，环境清幽雅静，使亲人感到宽
慰。所以，风水之于建筑，仍然是实用第一，安全实
用是本质，而风水的话术其实是表象，在文化和科学
知识匮乏的古代，风水是借助神秘性的程序和话语体
系增加人们的信赖度，是与建筑配套的文化解说词，
是一种文化现象。

　　明清北京城的规划和皇家宫殿、坛庙、苑囿等建
筑的布局和具体设计施工，都有风水的深度介入，其
规划设计者，本身就是精通风水和文化的建筑师。历
代都城都是帝王居住所在，都城以及其中的宫殿建筑
象征着帝王的身份和地位，最为重要的功能就是为政
治服务，因此，创造符合或者象征"天人合一"系统
的建筑，也是借助天神威力为世俗政治服务。帝王是
天帝的代身，其居所也应当类似天空星宿所代表的天

帝宫殿布局，所以在宫殿布局上符合星象图谱就是都城宫殿规划的重要一环。秦始皇在咸阳宫南面渭水南岸建设阿房宫，渭水上设复道相连，咸阳宫象征天上帝宫，阿房宫象征天上离宫，复道象征天上银河。正如《三辅黄图》所载：秦始皇"二十七年作信宫渭南，已而更命信宫为极庙，象天极。……因北陵营殿，端门四达，以则紫宫，象帝居。渭水贯都，以象天汉；横桥南渡，以法牵牛"。以不断营建的各式建筑、街道、池水等对应星座位置以象征神界，完成了"天人合一"的建筑布局图式，利用百姓敬畏天神的心理，在人间的天庭情景中，借助"天人感应"达到替天行道的神圣感，完成"君权神授"，帝王以此"挟神灵而令天下"。历代都城的营建莫不以此为参照进行宫殿和系列建筑的布局，乃至宫殿的命名都会将此作为一个重要的依据。

　　都城的选址也遵循了历代所接纳的风水模式，其本质仍为实用考量。《管子》提出："凡立国都，非于大山之下，必于广川之上。高毋近旱而水用足，下毋近水而沟防省。因天材，就地利，故城郭不必中规矩，道路不必中准绳。"[1] 表明了选址的基本原则：背山、平原、不旱不涝，水源丰富，土地肥沃。《周易·说卦》云："圣人南面而听天下，向明而治。"[2]《礼记·明堂位》也写道："天子负斧依南乡而立。"[3]八卦正南为离卦，季节上相当于夏季，时间上相当于中午，日照强烈象征光明。圣人称帝，坐北面南听取天下政务，象征面对光明治理天下。背北向南建都城，象征人合天道，因此建筑的朝向也无不遵循背北朝南

❶ 耿振东译注：管子译注，上海三联书店，2018，第 54 页。

❷ 兰甲云译注：周易通释，岳麓书社，2016，第 272 页。

❸ 陈戍国导读、校注：礼记，岳麓书社，2019，第 218 页。

的模式。这些都城营建规则，多为后代所采用。这些
即为"俯察地理"，在"仰观天文"后以星图方位为
蓝本进行宫殿的具体布局与营建，以此使帝王神圣化，
也借助宇宙的神秘力量驱邪迎祥。春秋时期吴国所营
建的阖闾大城，即体现了这种"天人合一""天人感
应""象法天地"的理念，是风水，更是帝王祈愿的反映。

　　作为明清时期都城的北京，其选址也遵循了这
个原则。而专门营建的具体建筑更是实现"天人感
应"的具体场所，如北京天坛是明清帝王祭天的地
方。《周易·说卦》提出："乾为天，为圆，为君，
为父……""坤为地，为母……" 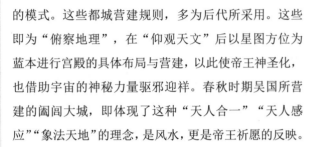 于是，圆形建筑
象征天，方形建筑象征地。因此，在北京天坛建筑
群内，圜丘、皇穹宇、祈年殿等都是圆形建筑，祈
年殿为三重檐攒尖顶，象征帝王祭祀时与天对话。
完成"君权神授"这一象征是历代帝王的首要大事
之一，事关统治的合法性，一般由一系列具体建筑
的营建来完成：通过建造明堂，进行秩序的示范，
引导遵从封建统治的等级秩序，上通天象，下统万
物，天子在此可听察天下，又可宣明政教；通过皇
宫宫殿建筑的规模和体量、尺度模数、式样和装修、
方位、颜色、陈设等，借助天神显示帝王的至高地位；
通过天坛建造的天数模数、祭天活动获得通神的特
权；通过帝王陵墓的风水选址、系列建造布置实现
人神合一，获得升天特权、祈佑荫庇子孙后代。

　　明清时期风水理论完全成熟，玄幻的话语体系下
其核心仍然是管子的选址理论：大山之下、广川之上、
水源丰富、高低适中、无旱涝灾害。其又结合我国地

❶ 兰甲云译注：周易通
释，岳麓书社，2016，
第 273 页。

理西高东低、北寒南暖的特点，总结出城市和住宅、陵墓选址的基本模式，即风水理论。因此具体选址的最佳模式就是东、西、北三面环山的凹字形，低凹处向南开敞，接受温和阳光和南风调节空气；东西侧小山环绕可以阻挡西、北方向吹来的寒流；顺应西高东低的总体地理趋势，利于排水。总体上如果城市或住宅四周空旷没有山形地势的围护，则没有依托，难以防御，易受攻击，安全程度低。而北京城的东、北、西三面环山，形成城市的良好安全屏障，辅之以长城关隘、关城的修筑，在很长时期内都有效抵御了北方游牧民族的袭扰。

　　对死亡的害怕是人的自然反应，帝王的富贵则又增加了其对生的依恋和对死的恐惧。因此，陵墓是对生死观的最好诠释。帝陵的选址，除了上述的实用性，以环境物象附会帝王地位与权力则是帝陵风水的自圆其说。具体来说，以象征的思维，用对生前情景的模拟来象征死后如生前的富贵和权力。作为陵墓风水核心的"气"，源自中国文化的"气"的哲学概念，即指一种极为细微的物质，是构成世界万物的本源。陵墓风水则是用以"气"为核心的哲学观念附会山川形势，解释生死轮回的生命观。东汉王充提出："天地合气，万物自生。"气是万物之源。在陵墓中，则认为陵墓之"气"，是转世再生的关键。而墓葬周围的山形地势，则以藏风聚气，象征侍立，体现墓主人的尊贵和地位。无论帝王还是平民，反映在陵墓中的祈愿在中国文化语境中都是类似的：祈望能生死轮回、福荫子孙家族。

第二章

中国建筑
的起源

　　中华民族历史悠久，源远流长，文明的发展一直持续不断，绵延至今，中国创造了灿烂的文明，也为人类文明进步和发展做出了突出的贡献。早期的文明除了经史的概略记叙，也在当代的考古研究中逐渐获得证实。我国原始社会先民居住的处所和聚落是我国建筑的雏形和起源，也在越来越多的考古发掘与研究中被发现。

第一节　原始社会华夏建筑

一、原始社会华夏建筑活动

　　（一）旧石器时代的社会发展与建造活动

　　目前已经发现了我国早期文明时代的众多人类化石和文化遗存，如云南元谋人化石和石器、湖北巴东的南方古猿化石、河北阳原县小长梁的古人类文化遗存等，距今都超过了百万年。其他地区也有很多旧石器时代的人类和文化遗址。

　　旧石器时代人类使用的工具主要是打制石器，也开始了火的使用，此时，原始的猿人人群往往群居于

山洞。在这个"古人"阶段，与简单的工具（打制石器为主）制作与使用相联系，在居住方式的选择上，开始有利用自然形成洞窟的崖窟穴居，并辅以简单的构筑活动，以便利居住，如"北京人"所在的周口店龙骨山岩洞、湖北赵家堰岩洞等。在原始社会（古人阶段），我国古代先民在居住方式的选择上，以洞窟穴居为主，也有利用树木做简单处理的简易巢居形式。

在"新人"阶段（距今四五万年），随着脑机能愈加完善，远古先民从大脑的发育到体质形态都更接近现代人。在工具使用上，石器制造技术更加丰富，也有了磨制石器和兽骨加工的工具，如"山顶洞人 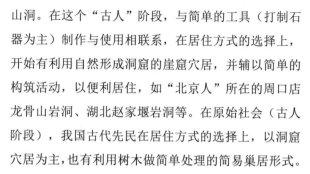"的骨针、"资阳人"的三棱骨锥。随着大脑和体质的改善，人们开始利用更多的自然物进行加工，以便利生产和生活，满足人们的需求。如磨、钻等工艺的出现，增强了利用和改造自然的能力，也促使了取火技术（钻木取火）的产生。生产技术和生产技能的进步，促进了人类自身发展，尤其是认知的发展，增进了人类对自然的理解和利用，反映在居住场所自然洞穴的选择上，是人们开始按照一定的原则选择便利生产生活的场址，如背风、干燥、近水又安全（即离水面有一定安全距离和高度）。也有利用土质地面挖掘地穴，并制作简易屋顶的穴居场所。在南方潮湿的沼泽地区，人们主要依赖树木居住，并进行简单的营建改善巢居条件。

❶ 山顶洞人，中国华北地区旧石器时代晚期的人类，属晚期智人。因发现于北京市周口店龙骨山北京人遗址顶部的山顶洞而得名。

（二）新石器时代的社会发展与建造活动

1. 新石器时代社会经济文化特点

从距今约一万年到新石器时代，社会生产从渔猎、采集进化到农业、畜牧等生产方式，工具的使用和制造更多、更复杂，社会经济更加多样化，更多的社会分工开始出现，愈加复杂的社会分工表明了社会和人类需求的多样化发展。人口增加，氏族聚落开始出现，不同氏族之间的联系也更加频繁，巢穴居的形式开始过渡到聚落居住形式，也相应地催生了不同的构筑活动和较大规模的聚落居住，人类居住逐渐形成聚落。随着社会文明和生产、经济活动的发展，聚落逐渐发展成城市雏形。

我国新石器时代的遗址遍布全国，现在发现的超过两千处，由于地域广泛，自然条件迥异，各地的发展和文化特征有所差异。根据发展的承继关系、地域经济文化特征，可以分为几个明显的区域文化：中原文化区（旱作区，也包括山东文化区）、长江中游与江浙文化区（稻作区）、甘青文化区（狩猎采集区）。具体有：旱作区有马家窑文化系统、半坡文化系统、庙底沟文化系统、大汶口文化系统等；稻作区有河姆渡文化系统、马家浜文化系统、屈家岭文化系统等；狩猎采集区有红山文化系统。这些已经发现的遗址代表了新石器时代我国的典型经济文化系统。

2. 新石器时代建筑活动发展

从经济社会的发展看，我国的母系氏族社会跨越旧石器时代中晚期，直到新石器时代，在距今六七千年时发展到鼎盛，分布遍及黄河与长江流域，红山文

化、大汶口文化等都属于这个时期。以母系血缘为渊源的文化聚落形成并发展，很大程度上促进了社会经济文化进步，农业、畜牧业、手工业伴随着生产技术的进步，生产效率有了很大发展，生活水平也有提高。社会生产和社会活动的多样化，与氏族聚落发展同步，逐渐产生了我国早期的社会组织形态，并且由于氏族聚落与定居出现了多种类型的建筑。

生产力的发展使社会形态逐渐过渡到父系氏族社会。生产实践与社会发展促使原始农业开始萌芽，并在社会生活中占据重要地位。父系制度的确立，调动了男性的生产积极性，让农业逐渐成为主要生产部门，也使得农业和手工业分离，促使商品和交换的出现，开始出现私有制。父系家庭的确立、私有制的发展，使家庭的作用变大，并在生产和财富创造中发挥更大的作用，农业工具及相关技术开始出现。农业经济与氏族聚落定居的结合发展，催生出更多类型的建筑和构筑物，也使建筑技术得到丰富和发展。

与此同时，原始畜牧业也得到发展。与这些社会生产生活相随，各种生产工具及技术也得到进一步发展，各文化遗址都发现了大量的生产工具，除了石器、骨器，还出现了木器和陶器工具。在部分新石器晚期遗址中，还发现了铜器及其制品。纺织、制陶等手工技术也开始出现并流行，极大丰富了社会生产形态，也极大提高了生产效率。这些生产及手工技术，除了用于生产工具制造，也用于装饰。工具的逐渐丰富反过来又促进了各种生产技术的发展，对木材的加工更加方便，使木材能更广泛地应用在生产生活中，尤其

是在建筑中得到更多应用。

　　与社会生产的发展和多样化同步，人们不断在新的生产和生活定居地点周围形成居住的聚落，依据当地自然环境和各种条件，利用生产工具与技术，发展出了各种居住的样式（如穴居、半穴居、地面建筑等）和不同类型的建筑（如房屋、作坊、祭祀用场所、窖井、畜圈等），并开始对聚落区域进行功能划分（如居住区、公共活动区、墓葬区等），随之逐渐出现城市的样貌与形态。

　　考古研究发现，我国众多的新石器时代文化遗址都形成了较为复杂的城市结构，留下了大量的古城遗址。山东历城县龙山镇（今属济南市章丘区）发现了我国第一个新石器时代城市遗址。二十世纪八十年代，属于龙山文化同时期的遗址随后在河南登封、周口，山西夏县等地被发现。随后，长江中游湖北多地发现多座大溪文化—屈家岭文化古城遗址，年代早于红山文化。九十年代山东多地发现大汶口—龙山文化古城遗址，共十余处。同时，在四川成都平原也发现几处史前人类聚落遗址。目前，我国发现的原始社会城市遗址达三十多处，地域从黄河中下游扩展到长江中游的江汉平原、长江上游的成都平原、北方的内蒙古大青山等地。仅仅是这些已经发现的新石器时代的众多古城遗址，足以表明我国远古时期建筑的水平与规模都达到了一定的高度。

　　从众多遗址研究结果看，早期的建筑以居住用途为主，形成聚落乃至城市以后，满足城市与社会相关功能需求的公共建筑和与生产相关的构筑物成为重要

的建筑形态。

二、原始社会华夏建筑特征与发展

（一）原始社会居住建筑特征

居住建筑的产生不但和社会发展自然产生的需求有关，也与自然条件密切相关。由于中国地域广大，自然气候和条件差异显著，原始文化发展水平不同，在适应自然的过程中形成的居住建筑也比较多样化，但总体来看，巢居与穴居是两种早期的典型居住和建筑样式，也是中国古代建筑的起源。黄河流域和长江流域是中华文化的发源地，也是两种中国古代原始居住形式的源头。

在石器时代，由于建造知识与技术的不足，在最初利用自然崖窟洞穴居住之后，伴随生产发展和自身的扩张，发展出人工营建的穴居居住场所。黄河中游的黄土地区，气候较为干燥，雨水较少，冬夏、早晚温差大，气候、水土条件适合挖穴居住，穴居成为当地最为普遍的居住样式。同时，其他地区有类似土质地理条件的，也多采取穴居或半穴居的方式，如长江、珠江流域，东北、西南也有穴居遗址发现，如湖北大溪文化遗址、广东马坝人遗址、西藏昌都遗址等。

从穴居的样式来看，首先是从黄土断崖上构筑横穴，结构方式经济、简易，后来又发展出竖穴、半穴居，并根据自然条件和需求不断改进发展。后在平缓坡地发展出袋穴，即从上往下挖掘，口小，逐步扩大成袋状，并在顶部临时用树木枝叶、草等遮蔽雨雪，后在上面改进成为顶盖，外观在地面看

起来像一个窝棚。随着棚架技术发展，制作出更大更稳固的顶盖后，竖穴变浅，出现半穴居的样式，最后形成地面建筑。西安半坡的仰韶文化遗址的不同时代研究印证了这个居住样式的发展历程。如半坡建筑发展的早期是半穴居，中期是地面围护地上居住，晚期成为大空间结构再分隔室内空间。居住建筑由地下转移到地面，提高了使用的舒适度，扩大了室内空间，在这一过程中，发展并改进了结构技术和建筑材料的运用，为后面中国传统土木结构建筑技术和形制的成熟奠定了基础。

架空巢居的样式主要出现在南方长江流域湿热区域。多雨、多平原、河网沼泽密布的地区，地下水异常丰富，各种动植物资源丰富，易于采集和狩猎，但居住条件完全不同于北方干旱的黄土高地，在这些地方很少有满足穴居居住要求的地点。于是，人们经过不断总结，利用树木"构木为巢"，其在这些地区具有显著的优点，成为这些地区原始建筑的主要形态。从利用单株树木的枝杈经过简单铺设营造一个可居住的简陋的巢，慢慢发展到利用密集树林中靠近的几棵树木架设巢居，可以获得更多的居住空间，并在四周进行围护，搭建顶盖，形成更加完善的居住空间。这种居住形式，在史籍中也有不少记录，如唐代记载"依树层巢而居"。

随着人口增加和聚落的发展，自然的树木不再能满足人们的需求，伴随生产与手工技术的进步，人们在生产实践中慢慢摸索着将树木采伐下来，在选定的居住地点人工立桩柱，模仿巢居的形态进行房屋构筑，

建造新的居住场所，发展出了一种新的建筑类型和居住方式，即"干阑（栏）"。在母系氏族繁荣时期，我国的湖沼地区大量应用这种干阑式的建筑，这在江苏香草河遗址、浙江河姆渡遗址中都被考古发现所证实。干阑结构的穿插构建方式，在工具进步后，逐渐由捆扎进化为卯榫，最后形成穿斗式构造方式。至今依然留存于东南、西南一些偏远山地区域，如云南傣族和景颇族的竹楼、广西侗族的木楼、川渝丘陵山地的吊脚楼等。

（二）原始社会聚落建筑

新石器时代，我国先民过渡到进行农业、渔猎等生产时，群体的协作与分工提高了生产效率，为了生产和生活的便利与安全，逐渐以家庭为单位开始聚集定居，慢慢形成了原始的社会聚落。随着社会发展，聚居区域慢慢发展得越来越大，社会功能开始变得更加丰富，基于生产活动和社会活动的需要，又发展出公共的广场、祭祀场所等公共建筑，以及一些生产生活需要的储藏、陶窑作坊区域、防御壕沟、畜栏、墓地等。这些聚落区域也是城市发展的雏形。

目前我国发现的聚落遗址主要为新石器时代遗址。在黄河流域和长江流域都有不少考古发现，另外还有内蒙古大青山红山文化等聚落遗址。此时期的聚落，以农业生产为主要特征。由于自然条件和社会经济文化发展不同，聚落中形成的建筑形式差异比较明显。

在黄河中上游黄土高原地区的聚落遗址，多为窑

洞（横穴）式建筑，如宁夏海原菜园村的 8 座横穴建筑。在黄河中下游冲积平原，聚落多以竖穴和半穴居为主，后发展为地面建筑。公元前 6200 年—前 5500 年属于仰韶文化的河南密县（今新密市）莪沟北岗聚落遗址，为半穴居建筑；室内有灶址及柱子留下的柱洞，聚落南部有窖穴，部分呈口小底大的袋形竖穴；西面有墓地。距今约 6000 年的西安半坡新石器时代聚落遗址为一大型聚落，超过 5000 平方米，房屋 46 座。该聚落四周有宽大壕沟，总长约 300 米，各段形制统一，上口宽 6～8 米，底宽 1～3 米，深 5～6 米。聚落中部为居住区，有住房、窖穴、畜栏等。壕沟外东部有窑场，北部是墓葬区。整体有明显的规划和建造计划。红山文化遗址为石构建筑遗址，房屋墙壁为石块堆砌，屋外砌筑有石护坡；水沟侧面台地上，有居住及祭祀分区分布，目前发现约 12 处建筑遗迹，平面为矩形或圆角方形。

　　长江流域的新石器时代聚落遗址，具有明显的水网地带特征。典型的发现是浙江余姚河姆渡文化遗址和良渚文化遗址。

　　河姆渡遗址距今约 7000 年，前后持续近 2000 年。该地自然资源丰富，气候适宜，人们在这里发展出了先进而丰富的社会经济文化和生产技术。遗址中发现了大量干阑式房屋的木构遗存。在河姆渡村一个小山冈的东面，遗留下几排木桩。这些木桩遗迹在山水之间，背山面水，呈带状布局；根据木桩排列顺序可以推断出它们是几栋房屋的遗构，估计原状为干阑式长屋布局。

良渚文化聚落遗址存在于公元前 2600 年—前
2000 年，建筑为土木结构，发掘发现的下层文化有
较多建筑遗迹，为半穴居和浅穴居，分布于小河两岸。
良渚古城的核心区可分三重，最中心为面积约 30 万
平方米的莫角山宫殿区，其外分别为面积约 300 万平
方米的城墙和面积约 800 万平方米的外郭所环绕，显
示出明显的等级差异，形成类似后世都城的宫城、皇
城、外郭的三重结构体系。古城北部和西北部还分布
着规模宏大的水利系统和设计精巧的瑶山、汇观山祭
坛及贵族墓地。整个良渚古城系统包括良渚古城核心
区、水利系统、外围郊区，面积达到 100 平方公里，
规模宏大。

大莫角山顶上发现了 7 个面积为 300 ～ 900 平
方米的土台式建筑基址，呈南北两排分布。其中建筑
基址 2 柱洞保存较好，格局较为清楚。土台北部、东部、
南部有房址废弃后形成的红烧土堆积❶。根据柱洞的
分布情况，可知土台上的房址分东、西两个分间，每
个分间规格相当，约 7.5 米×7.5 米，面积各约 56
平方米；土台北坡、东坡以及西南转角发现较大型的
柱洞，可能为房屋的檐廊❷。

宫殿区中部大型沙土广场的分布范围清晰，广场
大致呈曲尺形，分布于大莫角山、小莫角山、乌龟山
之间，初步探明其面积超过 8 万平方米，在沙土广场
南部和东部还发现东西成两排、南北成四列分布的 9
座土台建筑基址，面积为 200 ～ 500 平方米，排列整
齐，可能是宫殿区内的贵族居所。

❶ 红烧土是指史前先民
使用火来取暖、烧烤食物
或煮饭的地方经过烧烤
的黏土地面或墙面能够
变硬，而且可防潮防水。
经过长期的观察和实践，
先民们逐步认识到烧土
的这种特性，并在建筑物
上加以利用。这类烧土在
考古学上定义的名称为
"红烧土"。
红烧土堆积层：通常指遗
址中发现的以红烧土块
为主要构成的特殊堆积，
一般与重要建筑有关。

❷ 檐廊是指设置在建筑
物底层檐下的水平交通
空间。上方有飘檐，廊的
一边与房屋相依，一边有
柱的走廊，称为檐廊。

（三）原始社会城市

随着社会生产发展，当古人从母系氏族社会发展到父系氏族社会后，家庭和私有制出现，在氏族群体不断扩大形成规模的同时，也出现阶层的分化，氏族内部阶层化和组织化增强。外部不同氏族集团的竞争，产生了掠夺与战争。同时，为了应对自然的变化，保护氏族内部的安全和发展，在技术和组织增强的前提下，一些氏族集团在定居地开始了城市的营建，这代表了社会文明达到了新的高度。

目前在我国中原地区、长江流域中游、四川盆地等地先后发现了大量的原始社会城址，总计超过三十处。这些新石器时代的古城遗址，表明了我国原始社会城市建筑不仅规模大，而且分布广，显示了我国原始社会建筑的进步与发展。一般来说，形成城市规模的聚落，受人口规模、经济、技术、社会发展程度等多种因素影响，规模大小不同，小的约两万平方米，大的有三十万平方米，甚至有超过百万平方米的规模。这些城址往往构筑城垣围护，有的是夯土城垣，有的利用台地筑城减少工耗，有的城垣用石头堆砌，城外或构筑护壕，或利用自然水系、坡崖形成防护，有的仅开一门，有的两面或四面开门。城址中央常有夯土基台，可能为当时的重要建筑（大房子），如重要的公共活动场所或者首领居住的类似宫殿的场所。这些因地制宜的城市雏形，展示了城市演化发展的最初面貌。

我国新石器时代古城遗址在黄河流域中下游分布广泛，目前在山东发现得最多。如山东阳谷县景阳

冈古城遗址、山东东阿王集古城遗址；河南登封王城岗古城遗址等。在长江流域，有湖北荆州阴湘古城、公安鸡鸣古城等；在长江上游的四川盆地，有温江鱼凫古城、新津宝墩古城等。同时期的原始城址，在其他地区也多有发现。

（四）原始社会其他建筑

为了家庭、聚落、城市等不同群体的生存生活的便利与安全，以及个体与群体的精神需求、组织与社会政治发展需要，与居住建筑相应，先民们发展出了其他构筑设施与系列的附属构筑物，一起服务于个体生活、居住、生产、社会、安全等需求，助益整个群体的文明发展。

1. 祭祀建筑与墓葬

由于原始人认知的局限性，对自然与社会现象的崇敬与畏惧，产生了原始崇拜。对祖先的思念与祈求产生了对祖先的祭祀。这些活动从自发慢慢形成仪式和规范，出现了巫师，产生了祭祀建筑和规范的祭祀活动。这种祭祀遗址目前多有发现，在红山文化中保存得较多。如内蒙古莎木佳红山文化祭祀遗址、阿善遗址，河北磁山文化祭祀遗址，浙江余杭瑶山祭祀遗址，辽宁牛河梁"女神庙"遗址等。

聚落遗址附近往往有墓地区域。有的大型聚落附近形成了大型公共墓地，并有区域划分，分属不同氏族。不同地区埋葬也形成不同制式，多土坑竖穴，以单人葬为主，也有 2～4 人葬（仰韶文化墓地），也有石砌墓葬，部分有随葬物品（如陶器、兽牙、珠贝、

玉器等），也有用动物殉葬，甚至用人殉葬的。部分墓制特殊，如河南濮阳仰韶文化遗址 M45 号墓出土的蚌塑龙虎图案，显示墓葬与聚落遗址的关系，及此墓葬本身在遗址中的重要地位。

2. 其他建筑

原始聚落及其附近，基于社会生产与生活需要，在工具与手工等技术的支持下，一些设施被创造出来，如生产陶器的陶窑、满足工艺品制造与工具生产需要的作坊、维持生活用水的水井、储存食品与财物的窖穴、堆积填埋废弃垃圾的灰坑、圈养动物的畜栏等。这些设施与构筑物，反映了原始社会人们的营造创造和社会组织的发展及文明程度。这些设施与构筑物，在不同的遗址中都有发现。

三、小结

原始人群从母系氏族的群体建筑，发展到父系氏族以家庭为单位的单独建筑，再由聚落发展到城市。根据目前考古发掘研究的结果，我国原始社会建筑的形成和发展主要是在新石器时代，在约万年的历史进程中，通过劳动实践和经验积累，先民们创造了多种形式的建筑文化，形成了中华民族传统建筑形式的雏形。

从建筑技术上看，穴居的发展，逐渐形成土木结构的建筑形式；巢居的发展，逐渐形成干阑式建筑形式。考虑日照的利用，开门多朝向南方。人字木屋架、木骨泥墙、敷涂屋面形成了原始的土木混合结构系统；栽柱与柱础处理，屋檐支柱改进完善了房屋保

① 榫卯结构是榫和卯的结合，是在两个木构件上所采用的一种凹凸结合的连接方式。最基本的榫卯结构由两个构件组成，其中一个的榫头插入另一个的卯眼中，使两个构件连接并固定。

护结构功能，榫卯结构① 开始出现（河姆渡遗址）；有了防火防潮处理的意识和简单方法，用火的普遍催生了烟囱以通风排烟；为了保护与美化墙面，利用石灰烧制技术，出现了墙面抹灰与粉刷；对美的天然追求产生了建筑的装饰与造型。

从居住建筑看，在功能的逐渐完善中，形成了居住建筑的传统格局"前堂后室""一明两暗"的雏形，出现了门前空间的利用，并分别在横向或纵向上用隔墙发展分隔或扩大空间，形成居住建筑空间格局的分布趋势，成为我国传统建筑布局的起源。同时，室内空间在需求的牵引下逐渐开始有功能的分区，出现居寝、炊煮、储藏、起居等区域的划分。

聚落发展逐渐形成城市，慢慢完善了城市在选址、分区布局、交通、防卫等方面的规划和设计，也发展出相应的建造技术，如排水系统、道路、城垣的建造。聚落发展产生多样化需求，多种形式的建筑产生，除了居住房屋，也有生产的作坊、畜栏等，聚落中与生产活动、社会活动关联的交通道路、桥梁、码头等，城市防卫用的城垣、壕沟、栅栏等，还有各种墓葬形式等，逐渐趋于完善。

第二节　夏、商、周建筑

约四千年前，我国出现第一个奴隶社会国家——夏，标志着我国开始进入奴隶社会阶段。根据史籍《史记》《竹书纪年》记载及相关考古研究，一般认为，夏王朝的存续大约是从公元前 2070 年到公元前 1600

年，历时四百多年。目前发现的河南偃师二里头遗址
为夏代中晚期文化；其他如山西襄汾陶寺遗址的部分
文化层也属于夏文化。商汤代夏之后，进入奴隶社会
鼎盛时期，创造了灿烂的青铜文化❶。商代从公元前
1600年到前1046年，历时约六百年。

一、夏商时期建筑

（一）夏代建筑发展

　　夏代处于母系氏族社会向父权制过渡的阶段，父
权的确立是一个渐进的过程，在夏代建立之初，还保
留了不少母系氏族社会的制度和传统，如子女随母姓，
遗产"以女继母"，女性在家庭中地位高等。夏禹承
继舜，治水患解民忧，获得各部族拥戴，成为国家领
袖。夏的活动区域主要在黄河中下游地区，生产力进
一步发展，逐渐开始使用铜器，历法、灌溉、农耕技
术进步，农业生产进一步扩大。统治阶层剥削加剧，
最后导致内部崩溃。夏作为奴隶制国家，开始主动修
建城市、建立国家制度体系，如建立军队、法律、监
狱，建设宫室台榭，并使之慢慢成为统治阶层的必需。
夏代后期在发展建筑技术的同时，也加大了阶层对立
和剥削，最后导致奴隶的反抗而崩溃。

　　由于年代久远，加上后世的破坏和人类活动的叠
加，夏代遗迹目前发现比较少，多存于文献记载中。
《淮南子》："夏鲧作三仞之城。"❷《管子》："夏
人之王……民乃知城郭、门闾、室屋之筑。"❸《古
本竹书纪年》记载夏代六次迁都，从阳城至斟寻……
西河，也有传说包括晋阳、平阳和安邑。这些记载表

❶ 夏、商、周三代在手
工业上的共同成就体现
在青铜器的冶炼生产以
及在农业生产和日常生
活中的广泛使用，同时也
构成了夏、商、周三代
文化的显著特征之一，
一般把夏、商、周三个
奴隶制王朝统称为"青
铜文化时代"。

❷ 刘康德：淮南子鉴赏
辞典，上海辞书出版社，
2018，第391页。

❸ 赵守正：管子注译，
广西人民出版社，1987，
第402页。

明了夏代营建都城的情况，但目前考古未发现具体对应的遗址。但从社会发展、经济技术进步、政权建立的情况看，其都城的规划建立是必须且重要的，在前代原始聚落的基础上更加系统完善，在防卫、区域功能规划、宫殿与坛庙等方面有巨大进步。由于经济、交通等条件差异和社会发展程度不同，城市也有等级差异，以国君所在都城为最高等级，其他部族所居城邑等级规模递减。

夏代的民居与聚落，多继承原始社会的建筑形式，表明古代社会经济技术的缓慢进步，如河南偃师二里头文化遗址，距今 3500 ～ 3900 年，属于夏代中晚期，房屋遗址为窑洞、半地穴、地面建筑。窑洞为多，依据黄土崖壁开凿；也有窖穴、水井、壕沟等。二里头遗址现存面积约 3 平方公里，沿古伊洛河北岸分布，东西最长约 2400 米，南北最宽约 1900 米。遗址的中心区位于遗址东南部的高地，分布着宫殿基址群、铸铜作坊遗址和中型墓葬等重要遗存，遗址的西部地势略低，为一般性居住区。除了二里头遗址，经考古年代确认，属于这一时期文化的遗址还有较大范围的分布，证明夏文化的广泛影响。

从二里头遗址发掘研究可以看出，夏代的宫殿建筑都有大型的夯土台基，整个建筑群一般包括殿堂、庭院、围墙与廊庑等几大部分。坐北朝南的殿堂为整个建筑群的中心，位置在建筑群的北部，它与南大门之间为大的庭院，形成了我国古代宫殿建筑的基本样式，这样的建筑格局适合集会、祭祀、发布政令等大型集体活动。

　　从二里头文化的宫殿遗址中可以看出夏代宫殿
建筑的规模和体系。宫殿遗址为一座大型的夯土台基，
整体呈正方形，东西长约 108 米，南北宽约 100 米，
总面积约 1 万平方米。这座台基基本上是坐北朝南，
高出当时的地面约 0.8 米，四周边缘为缓坡，夯土台
基上建有成体系的建筑群，包括堂、门、庭等建筑单
体。建筑群的主体是一座殿堂，从整体上看，位于台
基的中央偏北，殿堂的基座要略高出周围的台基面，
并且在底部铺垫三层鹅卵石，是加固基址用的。根据
残留的檐柱洞和柱础石判断，这座殿堂是面阔八间、
进深三间双开间的建筑，并且是四坡式的屋顶。大门
在殿堂的正南，从殿堂到南大门是平整宽阔的空地，
应是一片庭院，殿堂与庭院被一组完整的廊庑建筑所
包围。其中西面廊庑是外面起墙，里面立柱，为一面
坡的形式；南北两面的廊庑是中间起墙，两面立柱，
是两面坡的形式。二号宫殿发现于 1977 年，也主要
由中心殿堂、庭院、大门以及廊庑组成。在殿堂与北
墙之间还建有一座大墓。二号宫殿的基址小于一号宫
殿的基址，其东西约为 58 米，南北约为 72 米。二号
宫殿的建筑格局与样式，根据现存的墙基檐柱洞和柱
础石来看，与一号宫殿基本相同。两座宫殿并不是各
自孤立存在的。考古发掘证明，一号宫殿东北部的廊
庑建筑中还开有后门，而二号宫殿基址恰好坐落在一
号宫殿基址的东北方 150 米左右，显然，它们应该
共同构成了一组相互联系的建筑群。庞大宫殿群的存
在，表明二里头文化遗址应是夏王朝某一时期的王都
所在。

二里头的民居建筑样式则比较简单，主要有三种类型，其中最主要的就是平地起建式，商代民居延续夏代形式，在夏县的商代文化层也有居住遗址发现，有窑洞、地穴与半地穴，木构和夯土墙垣技术逐渐成熟，地面建筑逐渐成为主流。

（二）商代建筑发展

考古学者虽未发现这一时期南方和长江流域的干阑式建筑遗存的实例，但推断其仍然继续发展。我国古代民居的主要类型，在商代已经出现并达到较高水平。在商代城市、聚落遗址，目前发现不少居住遗存，能看出当时居住房屋的基本布局和结构，如河南安阳小屯村北商代房屋遗址、河北藁城台西村商代居住遗址。

商代城市目前发现的遗存主要是都城遗存。据考证，商王几度迁都，留下不同都城遗址，但都集中在河南中、北部到山东西部一带。目前经过史籍记载考证和遗址考古，发现有河南郑州商城遗址、河南安阳殷墟、河南偃师商城遗址等。偃师遗址多有史籍记载，目前发掘探明城市基本面貌近似矩形，有外、内、宫垣三重结构，外城垣围合面积190万平方米。在城内有集中的建筑群基址三处，每处有围墙，又分出许多殿堂房舍。目前也发现残存的部分城垣及其夯土层，并有多处城门遗址及附属门柱结构、道路、排水系统等。这些遗址的结构遗存，表明了当时城市营建的规模、技术、规划等日益成熟。作为统治象征的宫室、宗庙、祭祀场所等在都城遗址中都有遗存结构与布局。

　　由于年代久远，从建筑遗存看，除了宫殿和聚落遗址，其他地面建筑都消失在历史的长河中，保存较好的多为墓葬，如河南安阳市小屯侯家庄商代大墓、安阳后冈殷商大墓、安阳小屯妇好墓等王侯大墓，也发现一些普通墓葬。

　　总体来看，由于生产力的发展和社会需求的扩张，商代建筑也得到进一步发展。在中国社会漫长的历史进程中，夏、商时期的建筑活动起到了承前启后的作用，在商代中、晚期，建筑成就得到集中体现，并为我国的传统建筑确立了一系列的规范，如城市功能机能的组织完善、宫室的前朝后寝布局、墓葬的土圹木椁制式等。这时期的建筑技术得到进一步完善，尤其是在土木建筑技术的发展运用上。

二、周代建筑

　　周朝是中国历史上继商朝之后的第三个奴隶制王朝，从公元前 1046 年到公元前 256 年。周朝分为西周（前 1046 年—前 771 年）和东周（前 770 年—前 256 年）两个时期，一共传国君 32 代 37 王。自周武王建国，到春秋末期，处于奴隶社会向封建社会过渡时期，自战国起，我国开始进入封建社会。

　　周代是我国封建社会确立时期，在政治、律法、文化、思想、经济方面都对以后中国的历史影响深远。周实行分封制管理庞大的国家，实行严格的等级制度和隶从关系。《周礼》记载了周代的礼制情况，反映了当时的社会面貌。至战国，诸侯国拥有土地、人口、经济、军事实力而权力剧增，中央权力衰落，逐渐成

为一个象征，直至灭亡。周代农业仍然比较落后，工具较为简陋，还没有普及金属器具。金属铜产量少而昂贵，仅用作礼器、兵器、马具等，直至战国时才出现较少的铁制工具。手工业日益发达，尤其青铜的冶炼铸造技术达到很高水平，礼器和生活用品（青铜器和漆器尤其突出）种类丰富，器型复杂，造型优美，工艺技术达到很高的水平。农业和手工业的发展促进了商业及经济发展。文字逐渐得到发展和统一，促进了思想文化的发展与交流。春秋战国动荡的社会，激发了文化思想的活跃，产生了"百家争鸣"❶，奠定了古代中国的基本思想体系。

　　鉴于诸侯权力日益增长和战争的频发，出于防卫的需要，城市日益成为建筑发展的重点，留下大量的城市遗址。周代早期建筑因政治、经济原因等级差异明显，周王朝都城等级最高，诸侯国都城次之，再次为经济发展、人口聚集产生的一些地区中心城市和聚落。根据历史典籍记载，周代几次迁都，最早为丰、镐二京，后有洛邑、成周，由于历时久远，后世建设变迁，遗址破坏严重，目前仅发现部分夯土遗址，具体情况散见于古籍，仅知其大致面貌。从遗址状况和历史书籍记载的细节也能大致推断周朝都城的规模和布局。《考工记》描绘周王城："匠人营国，方九里，旁三门……国中九经、九纬，经涂九轨。"❷王城内部划分，也如井字形。这种理念反映了王权的至高地位和一种建筑思想，也反映了周初期王城的基本面貌，成为影响后世王朝都城的规划理念。

　　都城之中，最为重要的建筑就是帝王宫室建筑及

❶百家争鸣：百家，持不同观点的人或各种学术派别。鸣，发表见解。我国春秋战国时期出现了各种学术流派，他们著书立说，展开争论，后世称之为"百家争鸣"。后也泛指各种学术流派的自由争论、互相批评。

❷（清）李光坡：周礼述注，商务印书馆，2019，第464页。

附属功能、机构的建筑和官员住宅，其次为商业、手工业等行业建筑和民居建筑。目前的都城建筑中的帝王宫室等还没有发现足够的实物，而史籍中却有丰富的记录，显示了当时的最高建筑水平，如《周礼·考工记》中对都城和宫殿等的记录："左祖，右社；面朝，后市。"❶ 王室宗庙与社稷分列于王宫前之左右。还对宫内"前朝后寝"的布局、宫门的尺度、"朝廷"与宫城轴线的布置、"市场"的位置和布局等作出了规定。由于周朝都城年代久远，加上历代的破坏，遗址信息十分有限，不能反映当时的实际建筑状况。

　　周朝诸侯城邑与宫室。西周开始实行分封制，诸侯众多，一开始诸国的城邑规模不大，如鲁国曲阜等。后经过兼并，到春秋，剩下十四个较强诸侯国，各国都城由于人口增加，手工业和商业兴起，逐渐突破周王规定的约束，形成较大的城市，如齐临淄、赵邯郸、秦咸阳、楚郢都等。这些古城遗址逐渐得到考古发掘，证实就是各国诸侯的宫殿及其附属建筑、功能分区建筑等。历史上对诸侯国的宫殿也有较多记载，考古多有发现相关遗址，如燕下都台榭建筑遗址、凤翔秦雍城三号宫室建筑遗址等。

　　限于当时的生产水平，周代的民居建筑虽然数量多，但还是比较简陋，遗留下来的遗址也较少，如西安客省庄周代房屋遗址、湖北蕲春毛家嘴西周居住遗址、陕西扶风召陈村西周居住遗址。

　　由于诸侯间战争频繁，出于防御的需要，各国往往在边界险要关键之处修筑长城以助防御。从春秋开始即有长城出现，如楚国的"方城"。战国时期各国

❶（清）李光坡：周礼述注，商务印书馆，2019，第 464 页。

间战争更加频繁，齐、魏、秦、燕、赵等国都纷纷在边境修筑长城。考古发现的墓园很多相对比较完整，能够较好体现当时的礼制在丧葬上的反映，也体现出当时的建筑技术与规模。其中丰富的随葬品体现出当时的手工、技术、文化等信息。其他建筑，如水利工程、矿井、冶炼作坊、粮仓、陶窑、水井等也广泛发展起来。

周代建筑在技术上继续发展与完善，尤其体现在木架构与卯榫结构方面，以及房屋结构功能及其细节上，虽然没有发现建筑实物，但能够从一些遗址及其他遗存物品的图示中窥见当时建筑的基本特征。如在建筑面积上日益扩大，建筑架空距离超过前代，逐渐完善房屋支柱的基础结构等技术，其他包括从深埋、柱础预处理、土墙结合柱子的建筑方法，到斗拱的大小变化、版筑夯土技术的逐渐普及等。此外石料、陶质建材、金属构件开始使用，如陶瓦、陶砖等，甚至开始将陶瓦铺满屋面。建筑装饰美化水平飞速进步，应用更加广泛，如陶瓦上出现纹样，如卷云纹、雷纹、动物纹、饕餮纹❶等。屋内的家具陈设开始出现，在墓葬中多有样品发现，多为木制品，有的有髹漆❷，有的结合少数铜构件进行加固和装饰，也有铜制用品等，表明了与建筑技术紧密相关的手工技术的发达。建筑的装饰美化，除了瓦当的纹饰之外，也出现了墙面的粉刷、上色，甚至出现地面涂色、木构髹漆、铜构与木器结合等。建筑与器物的纹饰也空前丰富复杂，从一些墓葬遗存的棺木彩绘漆饰、青铜器纹饰，如曾侯乙漆棺彩绘等可以见到其装饰的精美。纹样有饕餮

❶ 饕餮纹是青铜器上常见的传统纹样，也称"兽面纹"，盛行于商及西周早期。最常见于商周时期的青铜器装饰，其纹面部夸张，以鼻梁为中线，两侧对称排列，有的有身躯、兽足，有的只有面部。

❷ 髹漆，传统意义上是指用经过净化精制的天然漆涂物的工艺。天然漆是从漆树采集的汁液。中华先民最早使用天然漆髹饰器物，通过不断改进工艺，使天然漆髹饰工艺形成博大精深的手工艺体系。

纹、雷纹、云纹、三角纹、龙凤纹、回纹等，这些装饰纹样广泛应用在建筑及家具、室内装饰等处。

　　总体来看，周代建筑的体系化格局更加完善，各类建筑都必须按照等级制度划分修建，从城市到宫室建筑、礼制器物等等级分明。建筑在尺度、色彩、数字方面都有规定，如城市、宫室的面积与高度、道路的宽窄、宫室门的数量、高度大小，表现出等级差异。木架建筑得到广泛应用，柱子的基础处理技术进步明显，斗拱❶的大量使用完善了木架结构的功能。同时，陶质建筑材料广泛使用，极大促进了建筑发展，提高了建筑的质量。出现了建筑技术相关的文献《周礼·考工记》，记载了周代建筑的整体等级制度及其在具体层面的一些细节。在建筑尺度上，开始了建筑模数的规定与应用。虽然周代建筑的遗存信息很少，但对照文献记载和考古发掘研究的成果，我们仍然看到在社会经济、技术进步的推动下，建筑开始系统化，规范化，并与社会等级制度紧密联系，奠定了我国传统建筑的基本框架和面貌。

❶斗拱，也写作斗栱，是中国古代建筑特有的构件，一般用于殿堂建筑。斗拱在屋顶的出檐下面，位于柱与梁之间。由方形的木块"斗"、弓形的短木"拱"和斜置的长方枋"昂"组成。

第三章

中国古代
建筑的奠基

第一节 秦代建筑

公元前 221 年，秦灭最后一个诸侯国，建立统一的中央集权封建帝国，权力集中于最高统治者。秦实行统一的政策，废除分封制而以郡县制 ❶ 形成中央与地方的隶属关系，全国法令、制度统一，"一法度衡石丈尺。车同轨。书同文字"❷，度、量、衡标准化并推行全国，在许多方面形成了全国标准统一的制度，许多制度为汉代及其后世朝代所继承，影响深远。秦虽统一全国，但存续时间仅十多年，生产技术、工具基本类同战国末期，但组织程度提高，如弓箭等兵器制造标准化，先进工艺技术得到广泛应用，提高了生产效率。秦始皇陵出土的铜车马、兵马俑、兵器遗物等，充分反映当时的生产与手工技术的高水平。建筑技术虽承继先代，但统一王朝的要求扩大了建筑的规模，阿房宫（未完全建成）、秦始皇陵、秦长城是秦代的三大建筑成就。由于秦代存在时间短暂，完全新建的城市等建筑难以考证，仅从史籍文字和少数遗址中能够略知部分。

❶ 县和郡的地方制度是逐渐形成的。秦国商鞅变法，在全国普遍推行郡县制，把乡、邑、聚等合并为县，设置了 41 个县。秦帝国统一全国后，实行郡县制。郡县制使秦国形成了中央、郡、县、乡一整套比较完整的系统化行政体系。

❷（汉）司马迁：史记，中华书局，1959，第 239 页。

一、都城与宫殿

秦都城咸阳，先是作为诸侯王都，南临渭水，始皇即位后，向南扩展，跨渭水，后期建造的阿房宫位于渭水南岸，以渭水大桥连接南北，称"渭水贯都"。宫室建筑分布开始于渭水北面台地大坂，后扩张至渭南。至今，由于渭水向北移动约 4 公里，部分遗址为河水冲毁。据文献描述与考古调查，秦咸阳城东西约6 公里，南北约 7.5 公里，面积约 45 平方公里，内部有咸阳宫及阿房宫，以及大量迁建的六国诸侯宫室，还有其他宫室馆舍。宫殿区附近有铸铁、冶铜、制陶等手工作坊以满足都城的需求。

秦代营建的宫殿恢宏壮丽，附近离宫馆舍众多，文献多有记载。秦始皇即位初期在渭北的咸阳宫，后在渭水南岸甘泉宫、章台宫、信宫基础上又建大量宫殿，尤以阿房宫最为宏大："殿东西千步，南北三百步，上可以坐万人，庭中受十万人……"❶今天考古发掘阿房宫前殿遗址夯土台基东西长 1270米，南北宽 426 米，并有秦代筒瓦、铜箭镞等遗物出土，其建筑设计规模宏大。目前发掘的咸阳宫宫殿遗址有一号、二号、三号宫殿建筑遗址，其二号宫殿遗址东西宽 127 米，南北长 32 ～ 45 米，宫殿的建筑规模巨大。其宫殿遗址的夯土高台上有各种房间、回廊等结构遗迹。

规模宏大的阿房宫在历史上有诸多记载，描述其恢宏壮丽的气魄和巨大的规模。《史记·秦始皇本纪》记载："东西五百步，南北五十丈，上可以坐万人，下可以建五丈旗，周驰为阁道，自殿下直抵南山。"❷

❶（晋）张华：博物志新译，上海大学出版社，2010，第 151 页。

❷（汉）司马迁：史记，中华书局，1959，第 256 页。

唐代诗人杜牧以《阿房宫赋》做了更加生动的描述："蜀山兀，阿房出。覆压三百余里，隔离天日。……二川溶溶，流入宫墙。五步一楼，十步一阁；廊腰缦回，檐牙高啄；各抱地势，钩心斗角……蜂房水涡，矗不知其几千万落。"[1]但秦亡时为项羽焚毁，相传"火三月不灭"，据考古研究，今天仍然隐约可见其遗址规模。

秦代在都城之外还建有大量离宫，"关中计宫三百，关外四百余"。考古研究在辽宁绥中万家镇沿海一带发现石碑地、黑山头等规模较大的建筑遗址，为秦代离宫，是帝王出行居住的地方。石碑地离宫遗址东西宽 170 ～ 256 米，南北长 496 米。建筑依地形建于高差为三阶之台面上，平面大体可以分为十区。主要建筑集中于南部和中部。最南端的一区有面海的大平台，靠近此平台北端的二区聚集有众多较大建筑。[2]

二、秦始皇陵

陵墓建筑方面，秦始皇帝陵规模空前，创造了帝王陵墓的新典范。《三辅旧事》记载："秦始皇葬骊山，起陵高五十丈。下涸三泉，周回七百步……"[3]秦始皇帝陵外垣合围占地约百万平方米，内垣占地七万八千余平方米，封土墓丘边接近正方形，锥形封土目前高约五十米。陵园在墓周有两层墙垣，内垣周长约三千米，外垣周长约六千米。内垣南区距封土不远处有大型建筑遗址，面积超过三千五百平方米，可能为陵墓寝殿遗址。陵园有系统布局，分内外陵垣，

[1] 上海辞书出版社文学鉴赏辞典编纂中心编：杜牧诗文鉴赏辞典，上海辞书出版社，2016，第133页。

[2] 刘叙杰：中国古代建筑史 第一卷，中国建筑工业出版社，2003，第341页。

[3] 刘叙杰：中国古代建筑史 第一卷，中国建筑工业出版社，2003，第350页。

外垣以外分布有各种附属设施，如陪葬墓、兵马俑坑、铜车马坑，以及窑址、石材等建材加工场，还有修陵人临时居住建筑遗址等遗存。铜车马坑出土精美铜车马，比例大约为实物一半。目前发掘的兵马俑坑一、二、三、四号坑总体规模宏大，合计超两万五千平方米，塑造精美，是秦朝军队的缩影，被誉为世界第八大奇迹。整体骊山陵园长宽大约各 7.5 公里，占地面积超 56 平方公里，其宏大的规模和雄伟的气势超越古人，它的构思与布局对后代帝王陵产生了深刻影响。

●秦始皇陵兵马俑

三、秦长城、直道、驰道与其他建筑

秦统一后，将六国之间原有的作为国界的长城拆除，在北部边境整修诸侯旧有长城，对北方边境附近的长城加以连接、扩展，以防御境外游牧民族的袭扰。秦长城从辽宁阜蒙县北开始，向西经内蒙古、河北围场与丰宁北，再经内蒙古多伦、河北康保县，经陕西、宁夏，抵达内蒙古化德、甘肃渭源县、岷县和四川北部，总长超过一万里。由于长城经过众多地质差异显著的地区，因此修筑材料多就地取材，有石材干垒，有大石砌筑两面中间填碎石和渣土，也有黄土夯筑城墙。

秦统一后，为了控制全国广大地域，一方面便于帝王出行巡游，另一方面便于军事调动和行政控制，修筑了著名的驰道和直道。《汉书·贾山传》记载："为驰道于天下，东穷燕齐，南极吴楚……道广五十步，三丈而树……" [1] 《史记集解》云："驰道，天子道也……" [2] 据考证，驰道宽度相当于今天 70 米左右，现北方多有遗存，印证了史籍记载。此外，又筑直道，道路取直为主，主要是为了防备北方匈奴人袭扰的军事用途。其宽度约 4.5 米，沿着子午岭通往北方，也沟通了部分驰道。这些大规模的道路，有利于巩固国家统治，稳定边疆，在交通和军事上发挥了重大作用，并在后面的朝代中持续发挥作用。

秦国另一个重大的建筑成就是水利工程的修筑。前期修筑的重要水利工程有郑国渠、都江堰，极大地发展了生产，积蓄了国力，为统一六国打下了坚实的基础；统一全国后又修筑了灵渠。其部分工程至今仍然发挥着重要作用。

❶（汉）班固：汉书，中华书局，1962，第 2328 页。

❷（汉）司马迁：史记，中华书局，1959，第 242 页。

四、小结

从建筑技术上看，秦代建筑由于国家的统一，吸收了各地不同的建筑技术与经验，加上大规模的建设不断总结经验，其技术水平达到很高程度。其中，金属运用技术得到进一步发展，主流技术包括夯土、木架构都得到改进与完善。此外，建筑材料更大规模地使用陶质建材、石质建材、金属构件，排水、采暖的技术与方法也在宫室遗址中多有发现。墙体、墙面、地面、楼面都有更多处理，如墙壁刷白粉，地面涂红色，室内饰几何纹与壁画，梁柱涂色，陶质砖瓦上有龙、凤、几何纹图案，也有狩猎、宴乐等场景图样，铺地砖有直纹、米格纹、环纹、云纹、网纹、布纹等装饰纹理，瓦当有各种动物纹，表明美化建筑的措施得到了广泛应用。

总体看，秦统一中国后，在生产力进步有限的条件下，组织了多项影响至今的大规模工程，从长城到咸阳宫殿、阿房宫，从骊山始皇陵到通行全国的驰道，规模宏伟巨大，建筑造型宏伟壮丽，突显了帝国的组织力，也体现了人民的巨大创造潜力，创造了华夏建筑的奇迹，将中国古代建筑推进到一个崭新的高峰，对汉代及其后各朝代形成了深刻影响。

第二节　汉代建筑

汉代是秦以后我国第二个统一的强大封建王朝，历四百余年。其疆域比秦又大为扩张，东、南皆临海，东北至辽东和朝鲜半岛，北达阴山，西北至敦

煌，西南至交趾（今越南），《汉书》记载："地东
西九千三百二里，南北万三千三百六十八里。"❶ 汉
代社会经济文化在秦代基础上有了巨大发展，建筑也
取得斐然成就，在全国各地留下灿若星辰的遗址和遗
构，成为华夏建筑史上的第一个高峰，在城市、宫室、
坛庙、陵墓、寺观、园林、民居建筑方面都取得了巨
大成就，奠定了我国古代建筑的基本面貌。

　　汉代由于铁制工具的广泛使用，农业和手工业的
生产效率提高，经济发展迅速。整个汉代长期的社会
稳定，促进了社会经济的繁荣，也使得建筑得以很好
发展。武帝时期，击败匈奴人，打通了西域，东西方
经济文化得以相互交流，更加促进了经济、社会和文
化的发展。两汉作为我国历史上最强盛的王朝之一，
在建筑方面继往开来，虽遗留至今的建筑实物稀少，
但从存留的部分建筑遗迹，以及丰富的画像石❷、画
像砖❸、陵墓及其中的建筑明器，还有诸多的文献记
载和考古发掘的成果中，能发现当时建筑的活跃和丰
富程度。这些多样的建筑形制丰富，应用广泛，表明
中国传统建筑在形制上的基本成熟。各种建筑形制的
类别和模式，历经两晋、隋唐直至明清，保持了类似
的基本格局。

一、都城、宫殿与城市

　　汉以长安为都城，先有长乐宫，后建未央宫、明
光宫、桂宫等，逐渐完善城垣、道路、作坊、市肆等，
早先并未全面规划，是一个逐步增建的过程，最后逐
渐形成整体的长安都城布局。经考古发掘研究，汉长

❶（汉）班固：汉书，中
华书局，1962，第1640页。

❷ 画像石指的是在石料
上雕刻图像的石刻艺术。
它盛行于西汉至唐，多见
于墓室、祠堂、石碑、石
阙、门、棺椁上。画像石
的内容有历史故事、乐舞
杂技、车骑出行、建筑、
生产劳动等，十分丰富。

❸ 画像砖由黏土烧制而
成。起源于战国时期，盛
行于两汉，多在墓室中构
成壁画，有的也装饰在宫
殿中。画像砖的画面内容
极其丰富，有表现劳动生
产内容的、社会风俗的、
神话故事的及达官贵人
乘车马出行和狩猎的。

安城为不规则矩形，城垣边长六千米不等，周长超过两万两千米。城内的详细布局如官署、权贵府邸、街道、城门、市场等在史籍中多有记载，民居达 160 闾，其布局、细节等也多为考古发掘发现的遗迹所证实。据记载，平帝时期长安城内总人口超过三十万人。西汉末年战乱对长安毁坏较大，后东汉以洛阳为新都城。东汉洛阳都城墙垣总长约一万三千米，小于长安城。东汉永平年间，佛教传入中国，当时曾建白马寺，为我国最早佛教寺院。

以未央宫为例。在高祖九年竣工后，刘邦将朝廷迁入，成为西汉统治中心和帝王宫室。后继续添建，武帝时全部落成。《西京杂记》记载："汉高帝七年，萧相国营未央宫……台殿四十三：其三十二在外，其十一在后宫。池十三，山六，池一、山一亦在后宫。"[1] 未央宫前殿为"大朝"，前有端门，殿东为宣明、广明两殿，西有昆德、玉堂两殿，殿西还有白虎殿。前殿后有石渠、天禄两阁。殿东门外有东阙，北门外有北阙。其他史籍也多有记载，除前殿外，还有武安、万岁、清凉、温室、椒房、延年、神仙、朱雀等殿阁。椒房殿为皇后寝宫。

另有附属建筑承担皇家用品等手工制作作坊和管理府署，如画堂、作室、凌室、弄田、茧馆、蚕室等，也都有相应记载。经考古发掘揭示，未央宫的布局与史书记载相符。其中一处宫殿建筑遗址（二号建筑）显示了其宫殿的详细布局，有夯土的建筑台基，有两所庭院，四周有夯土墙基，厚达 4 米，庭院中发现有铺砖遗存等，正殿、配殿、庭院、门阙、道路、

❶ 吕壮译注：西京杂记译注，上海三联书店，2018，第 3 页。

排水道、水井等布置有序。

　　汉代实行封侯制度，各诸侯王所封城邑的建设，由于年代久远建筑灭失，具体建设情况多数在今天无从知晓，仅从史籍中见到部分记叙，如鲁恭王灵光殿、中山王宫室、闽越王宫室等。此外，由于郡县制的设立，各郡县驻地均建立衙署。郡县所在地多因经济发展水平不同，形成大小不同的城市，今发现少数遗迹如西汉河南郡河南县城、内蒙古和林格尔汉墓壁画中的官署等。汉代民居今天无实物发现，但从丰富的画像石、画像砖、壁画等传达的信息，以及文献记载，可以推测汉代民居建筑在类型、空间结构设计、建筑立面处理等多方面的成熟。民居建筑主流的木架构也更为成熟多样，并能因地制宜、因需灵活运用，有穿斗、抬梁、干阑等建筑技术和形式的应用。

　　长安附近，继承秦代上林苑，并加以扩建，另有甘泉苑等，其中多建馆舍，供帝王巡狩游玩，为皇家园林初貌。祠庙坛台建筑也得到发展，设立社稷、宗庙制度，以供祭祀活动。据文献记载，汉代祭祀对象及方式、地点多有变化，先在附近及郊外建祠坛祭祀，又逐渐改为郊祭，各种祭祀对象如天地日月、五帝等逐渐合并，地点也逐渐规范化，成为后世的参考。另外现有相关遗址还发现有明堂、辟雍等礼制建筑。

二、陵墓

　　汉代陵墓丰富多样，形制众多，变化复杂，反映了作为我国封建社会鼎盛期的社会繁荣状况。汉代帝

陵在前代基础上发展并定型，如高祖长陵、武帝茂陵等。各地墓葬依据当地地质、气候、传承、经济、工艺技术等，出现了众多的墓葬类型，有土圹墓、石墓、砖墓、崖洞墓、砖拱券墓以及混合结构墓等。墓葬修筑材料主要用泥土、木材、砖瓦等，还辅以河沙、卵石、木炭、胶泥、金属等用作防盗、防腐措施。这些有效的保护措施使我们今天发现的部分墓葬仍然保存完好，得以从留存的遗物中窥见部分汉代的经济文化及社会样貌。地方诸侯墓现在已经发现并发掘的如长沙马王堆西汉一号墓，河北满城西汉一号、二号崖墓（中山靖王刘胜夫妻墓），广州象岗南越王赵眜墓等，反映了当时的墓葬制度、随葬状况，其众多的随葬品实物资料也是对当时社会经济、文化、手工技术、艺术等方面的生动反映。汉代墓葬比较有特色的是地面设施开始形成体系，有祭堂、墓阙❶、神道、神道柱、石像生、墓碑、墓记等。部分石质墓阙遗留至今，四川多达二十处，山东、河南等地也有发现。

三、汉代长城与其他构筑物

（一）长城与边城

汉代前期仍然与匈奴人对峙，对前代长城进行了修缮，边塞建设结合军事准备持续推进，在武帝击溃匈奴人后，推进到更远的北方和西北，至东汉末年仍然保持其规模和部署。与长城配套的军事建筑，除了烽燧，还有戍卒驻守的边城，险要处修筑的关隘、坞堡等。边城则相当于一个小型城市，有护壕、城垣等围护，内部功能布局类似小型城市。

❶ 阙是汉代成对地建在城门或建筑群大门外表示威仪等第的建筑物，一般用块石雕琢后砌成。因左右分列，中间形成缺口，故称阙。汉代是建阙的盛期，都城、宫殿、陵墓、祠庙、衙署、贵邸以及有一定地位的官民的墓地，都可按一定等级建阙。

●汉长城遗址

（二）栈道与桥梁

中国疆域广阔、地形复杂多样，汉代经济、社会、文化的发展，产生了更频繁的不同地域间交流沟通的需求，因此需要突破地形地质差异造成的山水阻隔，道路桥梁成为沟通交流的重要条件。至汉代，经济技术的进步催生了较为成熟的各种道路桥梁修筑方法，其中栈道和桥梁建筑方法的进步成为跨越山水阻隔的关键一环。汉代桥梁目前多见于文献，著名的有长安渭水上的东、中、西三桥。据《汉书》等记载，早期桥梁多木构，以木梁柱为主，后有石柱墩、石桥，也有舟船相连而成的浮桥，蜀中有竹索桥等。由于时间久远，今未见汉代桥梁实物，但可见于画像砖石和壁画，如"渭水桥"绘画，样式为木梁柱结构，桥墩为木柱支撑，架以横梁和木板，铺平木板作桥面，两边有桥栏杆防护。桥面中段平直，两端倾斜，宽度可通行多辆车马。在画像砖石图像中可以看到不同样式拱券在桥梁中的应用。虽然可以估计栈道在秦代已经出现，但史籍记载汉代较多。其中关中至汉中、至蜀，道路崎岖，秦末楚汉相争时著名的"明修栈道，暗渡陈仓"中关于栈道的故事为大众所熟知。在汉代的疆域扩张和管理过程中，栈道技术逐渐普及。在艰险崎岖的高山峡谷地区，多筑有栈道以利军事交通，并惠及民间商贸文化交流，对此史籍中多有记载，如四川僰道栈道等。

四、小结

综合来看，汉代处于封建社会的上升期，基于经济、社会、文化、技术的进步，农业与手工业都得到较大发展，在建筑上多方面的成就奠定了华夏建筑的基本面貌。首先在都城规划建设上，虽源于秦咸阳城，但长安与洛阳体现了一种新格局与思想，着眼于宣扬皇权，有了轴线布局的构思和实践，宫室规模等级分明，功能布局丰富；宫殿主体建筑组合从纵向的"三朝"南北轴线，变为前殿左右的"东、西厢"轴线，虽布局有些缺点（未充分考虑民居在都城的布局，为后代所克服），其系统的思想却为后代所继承发展。其次，其他城市则随郡县治所和诸侯驻地兴建发展，这些城市建设一般为内外城相套的基本格局，因地制宜、形状规整，规模大小视当地经济等情况而定，其

建设思想多为后世所继承。

　　在历时四百余年的汉代，战争动乱时期相对较少，经济社会基本稳定，在生产、经济、社会需求的推动下，在铁器普及提高了加工技术的情况下，加上人民的巧思与技巧，各种应用型的建筑都得到发展。普通民居呈现出丰富多彩的样貌，形态多样，从大型到小型建筑，从室内外空间布局到不同功能的附属建筑的组合，从基本样式到建筑结构细节、装饰等方面都已经成熟，并被后代继承，有的沿用至今。

　　通过前代积累和广泛的实践，汉代木作建筑技术日益丰富完善，有木梁柱、穿斗、干阑、井干四种基本形式，木梁架最流行，大木结构基本定型，木梁结构中的大梁跨度基本形成约定的模数规则，这些技术特征都为后代所沿用。如从考古研究资料可以看到，建筑遗迹中柱础石开始高于地面，柱网排列整齐，室内建筑空间如开间、明堂等逐渐扩大。从明器、画像砖石等间接资料中可以看到，斗拱应用灵活多样，产生了一斗二升、一斗三升、重叠斗拱出挑、转角拱等样式，外观从简单朴素变为繁复华丽的造型；建筑门窗、栏杆、天花、藻井、楼梯、木架、墙壁等大量应用木材，加工细节繁复，结构精巧。石材加工应用于建筑更加丰富合理，有仿木构的柱梁样式，也有条石、石板等广泛应用于墓葬、桥梁和建筑局部，也有石祠、石阙、陵墓石像生、碑刻、画像石雕刻等应用。建筑的屋顶也能根据具体房屋样式进行不同屋面的设计，陶质建材得到愈加广泛的应用，并完善相应的结构细节和功能，甚至进行造型设计，走水、屋脊、吊檐口

瓦当等制式、造型都已经成熟。砖瓦在建筑中应用广泛，除用作屋顶的陶瓦，也用于地面铺设、墙壁、拱券等，其中在砖上作摹印纹理或者镂刻加工成画像砖者众多。建筑装饰美化的题材与形式"百花齐放"，显示了独特的风格，对后世产生深刻影响。家具中床、榻、案、几、桌、屏、柜、架等器物也丰富多彩，样式众多，细节精美。

汉代的建筑及其技术不仅在中国建筑史上留下灿烂篇章，也对后世产生了广泛而深刻的影响。

●车马出行图（汉画像砖）

● 交战图（汉画像砖）

●狩猎图（汉画像砖）

第四章

中国古代建筑的
发展与成熟

第一节　三国两晋南北朝建筑

汉末动乱，后三国鼎立（220—280 年），晋太康元年（280 年）晋灭吴统一全国。晋自 265 年代魏至 420 年，历时 156 年。西晋末期北方陷入混乱，这一时期被称为"十六国时期"，后北魏统一北方（439 年），历经北魏、东魏、西魏、北齐、北周，称为北朝。北方不同政权在都城、宫殿建设等方面均模仿比附魏晋。东晋相对稳定，历时 103 年。420 年刘裕建立宋取代东晋，后为齐、梁、陈，史称南朝，至 589 年隋灭陈全国重新统一。此一阶段，中国总体呈现南北对峙的局面，称为南北朝。

南北朝期间北方各地割据，战乱频繁，人民苦难深重，佛教开始流行，寺庙佛塔的兴建成为潮流，出现大量寺院、佛塔。其间，各种建筑在汉代基本定型的建筑体系上多有创造，孕育了之后的隋唐建筑风貌。

一、魏晋建筑

汉末战乱中，许多城市被毁，长安、洛阳也分别

被破坏。三国鼎立之后各国分别建立都城、宫殿和部分城市。中原曹魏得邺城后建立王都。孙权于 211 年修筑建业城（后更名建康），后成为吴国都城。蜀国改建成都为都城。代表都城有曹魏邺城、北魏洛阳、吴都建康等。

（一）邺城与建康

曹操占据邺城后，借鉴长安，改进规划后将其建成为北方的政治、经济、文化中心。先后共有六个王朝以此地为都城。《水经注》载："东西七里，南北五里。"❶曹魏邺城的宫殿位于城之北，沿都城中轴线对称布局。邺城中间的中阳门大道正对宫殿区主要宫殿，整个布局对称规整，对后代都城布局规划产生重要影响。宫城部分入宫门为一封闭性广场，大殿位于中央，过端门至大殿是庭院，为举行大典时用，殿前左右有钟楼及鼓楼。后半部分为后宫，形成"前朝后寝"的制度。东部为官署区，布局规整。

西晋、北魏时期的洛阳宫城位于城的正中偏西北，南北长 1398 米，东西宽 660 米。493 年，北魏孝文帝迁都洛阳，实行汉化政策❷。宫城北面为北宫及帝王专用园林，阊阖门正对的铜驼街是城市的主要轴线，其西侧为官署、寺庙、坛社。

东晋和后世宋、齐、梁、陈的都城为建康。建康始于吴国孙权所建建业城,后东晋南迁至此逐渐扩建。都城建康六门中五门沿用魏晋洛阳门名称，形成南朝时期都城的基本格局，各代的逐渐扩建、改建使之成为壮丽繁华的都城。

❶（北魏）郦道元注：水经注疏，（民国）杨守敬、熊会贞疏，江苏古籍出版社，1989，第 941 页。

❷ 孝文帝推行的汉化政策包括：改官制（魏初，鲜卑与汉官号杂用，迁都后改定官制），完全依照魏晋南朝的制度；禁北语（鲜卑话），推行汉语；禁胡服，改穿汉服；改姓氏，由复姓改为单音汉姓。

●晋　戴逵　剡山图

（二）宅墅园林

自东晋谢灵运提出"欲使居有良田广宅，在高山流水之畔，沟池自环，竹木周布，场圃在前，果园在后"❶，此风尚广泛流行于南北朝，而南朝建园风气尤盛，造园水平不断提高。但由于战乱对经济的扰乱，南北朝时期少纯游乐型豪华园林，多生产性庄园和宅旁园池，但官宦贵胄仍然大造园林，奢华繁丽，在文献中多有记载，也在墓葬壁画和雕刻中多有发现。此

❶（清）严可均辑：全宋文，苑育新审订，商务印书馆，1999，第296页。

时，我国古典园林日益体现出与诗情、哲理相合的理念，成为具有深度文化内涵的人工景观，表现人与自然的和谐相适。

受皇家宫殿格局的影响，民间及贵族府邸多围绕中轴线布置若干庭院、回廊，前厅后宅形成主庭院，在主庭院四周布置次要和辅助房屋，组成合院式布局，有的贵族富豪还往往模仿皇家苑囿在宅后或宅旁建园林，供游乐。这些建筑未有实物，于石刻、遗留壁画中多有发现，也多有史籍文献记载。

二、南北朝建筑

南北朝时期，北朝战乱尤其频繁，各王朝都城不断迁徙变换，城市和宫殿建设难有好的发展。南朝由于政治和社会相对稳定，都城、宫殿等建设取得较大成就。南朝都城都在建康，开始为三国吴都，东晋定都于此后逐渐添加改建，建永安宫；宋建东宫，又扩至玄武湖作为苑囿。萧衍建梁称帝后，添建了许多佛寺和苑园。灵谷寺始建于梁武帝天监年间，现南京中山门外的遗存为晚清复建。另有扬州大明寺、杭州灵隐寺也建于南朝年间，现存寺院多为清代重建遗存。此外还有镇江金山寺等。

佛教自汉传入后，经过三国、两晋的发展，到南北朝时期，在国家的支持下，得到飞速发展。随着宗教热情迸发，大量的人力物力财力投入，各地广建佛塔、寺庙，开石窟造像。佛教建筑主要有三类：寺院、塔幢、石窟。佛教建筑自印度传入后与中国理念结合，产生独特的造型。佛塔在我国经过发展，产生了诸多

种类，有楼阁式、密檐式❶、宝瓶式等。现存建于北魏的河南登封嵩岳寺塔，是我国现存最早的砖塔，建于北魏正光四年，平面呈十二边形，外径 10.5 米，内径 5 米，高 39.5 米，15 层檐。嵩岳寺塔为密檐式塔，塔壁有诸多砖雕，塔的外形呈饱满弧线，向上依次内收，秀丽大方，形态优美。

随着佛教的传播，石窟寺在北朝大规模出现。这种从山崖上开掘洞窟的形式来源于印度佛教，目的是供佛教徒修行、居住和开展佛事活动。石窟开掘作佛教用房，包括佛殿、僧房、库房等，有的会在石窟前建设佛殿、僧房等地面建筑。北魏中后期，北方及中原地区开掘了大同云冈石窟、洛阳龙门石窟。西北有敦煌的莫高窟、麦积山石窟、炳灵寺石窟等。南朝时期在南京有栖霞山石窟。四川有广元皇泽寺和千佛崖石窟等。这些石窟的主要开掘时期为南北朝时期，有的则跨越多个朝代持续开掘发展，如敦煌莫高窟历经北魏、西魏、北周、隋、唐、五代、宋、西夏、元等朝代不断开掘，形成了宏伟的规模，内容丰富，积淀了深厚的艺术文化价值。

敦煌莫高窟北朝窟有 36 座，共有四期，位于南区中部，多为佛殿窟和塔庙窟，有中心方柱式和覆斗顶式。例如，西魏 285 窟覆斗顶中心斗四天花，四周绘有华盖纹饰，有双重垂幔和四角的兽面衔佩和流苏，推测为莫高窟第一次出现的华盖式天花。在北朝第 275 窟中，室内壁画中出现大量中原流行的木构坡顶建筑。

云冈石窟位于大同西北，开窟始于北魏和平年间，为文成帝复兴佛法祈福皇室所建，整体洞窟规模

❶ 密檐式塔为中国佛塔主要类型之一。把楼阁的底层尺寸加大升高，而将以上各层的高度缩小，使各层屋檐呈密叠状，檐与檐之间不设门窗，使全塔分为塔身、密檐与塔刹三个部分，因而称为"密檐式"砖塔。

宏大，有大佛窟、佛殿窟、塔庙窟三种形式。

总体来看，魏晋南北朝时期是一个动荡的时代，政权更迭频繁，战乱纷扰，经济受到很大破坏，但作为生存必需品的建筑，尤其是具有政治象征功能的宫殿建筑，仍然得到营建。由于佛教在统治者的推动下得到大发展，众多的寺庙、石窟、佛塔等专门建筑被修建。纷乱的社会形势下，文化艺术得到发展，这一时期艺术、文化思想的活跃也反映在建筑中，儒、道、佛的冲突、融合，玄学的流行，艺术创作中主观情感的表现，逐渐形成了新的设计伦理，都反映在建筑的具体设计中，影响深远。

建筑技术在继承前代的基础上，开始注入一些新的手法，如斗拱向规则化发展，种类减少。在秦汉时期古拙端庄、直线方正有力的风格基础上，逐渐加入曲线的变化与飘逸、豪放；土木混合的结构中慢慢增加木质结构，是后代过渡到全木构架的探索期。砖石结构也开始模仿木架结构。穹隆结构开始较多在墓葬中使用，逐渐完善了穹隆的形制与技术。这一时期也是我国各民族大融合的时期，其他族群和外国的建筑技艺与形式，伴随这些文化的输入而多被吸收。此时，主导北方政权的游牧民族也广泛地吸收汉族文化，也促进了不同民族建筑的相互借鉴与融合，使我国的建筑类型进一步丰富。在建筑的细节和造型的重要变化上，逐渐形成一些规范，如大斗拱一斗三升逐渐定型，门窗逐渐统一为板门和直棂窗；屋顶出现举折、檐口起翘；柱础大量使用莲瓣造型，覆盆础曲线流畅饱满，瓦当多为莲瓣图形。吸收外来佛教艺术装饰的纹样在

建筑中开始大量使用，使建筑装饰日益精美。外部造型逐渐吸收了曲线的变化开始显得神采飘逸，为隋唐建筑的成熟打下了基础。

第二节　隋唐、五代建筑

公元 589 年，隋统一中国。隋建都大兴城，但隋 30 余年后为唐所灭。唐（618—907 年）是中国历史上继隋朝之后的大一统王朝，共历二百八十九年。唐利用大兴城建都，改名为长安，即现在的西安。五代除后唐建都洛阳外，其余均建都开封。

隋建三省六部制❶，设立郡县分级地方行政管理，开创科举制度，开通大运河，社会得到迅速发展，为唐的强盛奠定基础。唐代在隋基础上对外积极开放，对内实行科举制度选用人才治国，能借古鉴今，经济、文化、军事日益强盛，成为我国古代封建社会的高峰，形成了积极向上、雄浑壮阔的民族精神。

隋唐时代在建筑上也取得众多成就，开通的大运河促进南北的经济文化交流与发展逾千年。隋唐在都城与宫殿建设规划方面更加有序，宗教建筑更加成熟完善，各种建设遍及全国，影响深远，至今仍然有少量唐代建筑遗存。

❶三省六部制是我国古代封建社会统治者建立的一套组织严密的中央官制，于隋文帝年间确立，主要负责掌管中央政令和政策的制定、审核及执行。三省是指门下省、尚书省、中书省，六部是指吏部、兵部、礼部、都官（后改为刑部）、度支（后改为户部）和工部。

一、城市

（一）都城

隋文帝于 582 年始建大兴城，现遗址勘察东西长约九千七百米，南北约八千六百米，总计约八十四平方公里。大兴城北中心区为皇城，北部为宫城、皇室居住宫室、礼仪处所；皇城南内部并列有衙署，无其他民居。唐都城承袭大兴城，改为长安城，后在北面建大明宫，宫城北面为禁苑，玄宗时又改建兴庆坊为兴庆宫。太极、大明、兴庆为长安城内三处宫殿群。

隋唐城市为比较严整的规划布置，称为"里坊制"。"外城称为郭。郭内建子城，为衙署集中之处……子城以外划分为若干方形或矩形居住区，外用坊墙封闭，称坊或里……"[1]唐长安"都内，南北十四街，东西十一街。街分一百八坊"[2]。

朱雀大街宽 150 米，其他街道也有数十米宽，街巷坊里分布规整有序。长安城的总体布局顺应地势，宫城建筑于地势较高的北部，相邻的南面设置皇城。皇城、官署、市场、里坊区分功能，分区布置，突出了皇帝专权的地位，也方便城市管理，提高了效率，同时还注重普通居民在交通、商品交易、生活用水、文化娱乐等方面的需要。这些有效的规划理念对我国后世的都市规划产生了重大影响。

唐东都洛阳规划与长安相似，但规模较小，面积约 47 平方公里。洛阳依据地形为不对称规划，坊小于长安。洛阳水系发达，隋代运河开通后更加便于沟通各地，设置了大规模的仓库，便于储藏和转运从各地征集，通过大运河水运来的粮食等物资财货。

[1] 傅熹年主编：中国古代建筑史 第二卷，中国建筑工业出版社，2009，第 332 页。

[2]（后晋）刘昫：旧唐书，中华书局，1975，第 1394 页。

同样由于水路的发达，开封日益成为富庶的大都
会，在五代中除后唐建都洛阳外，其余后梁、后晋、
后汉、后周均以开封为都城。后周建立后进行大规模
建设，为宋定都开封打下基础。

（二）地方城邑

随着各地经济的发展，在交通要地、官署驻地、
经济中心、人口聚集之处逐渐形成规模不一的城市。
尤其隋唐大运河沟通南北，与黄河、淮河、长江等的
交汇地往往由于经济贸易的繁荣形成大的城市。如开
封，是运河与黄河的交汇点。扬州，是大运河与长江
的交汇点，沟通江海河运，由于水运成本远低于陆地
运输，江南及长江沿线的粮食、盐铁、茶叶、瓷器等
在这里集散，成为唐代最为富庶的城市。"扬州在唐
时最为富盛。旧城南北十五里一百一十步，东西七里
三十步，可纪者有二十四桥。"❶

❶（宋）沈括：梦溪笔谈，
侯真平校点，岳麓书社，
2002，第 241 页。

二、宫殿

唐代继承隋大兴宫，改名为太极宫，后建大明宫
和兴庆宫，成为唐代长安的皇家宫殿群主体。官署等
军政机构、宗庙、社稷依序布置。太极宫位于皇城内，
在长安中轴线北端，体现地位的至高无上。太极宫为
皇帝听政和居住所在，其中心布局比附《周礼》三朝
制度，正门承天门为外朝，太极殿、两仪殿为中朝和
内朝，两侧布置若干殿和门，组成对称布局。

大明宫为唐太宗贞观年间修建，位于长安城外东
北龙首原上，可俯瞰全城，后经唐高宗扩建，面积超

过三平方公里。宫内南部以殿堂为中心，对称布局，纵向依次排列大朝含元殿、中朝宣政殿、内朝紫宸殿，总体布局气势恢宏。含元殿为正殿，殿总宽两百米，主殿正面宽十三间，深六间，东西廊十一间，左右向南连接翔鸾、栖凤两阁。此两阁位于高大砖砌墩台上，阁为三重阙。

大明宫北部园林区有麟德殿，为皇帝举行非正式宴会的地方，也用于接见使臣。此殿分前、中、后三座，形体组合复杂。殿宽约五十八米，总进深约八十六米，底层面积约五千平方米。殿前开敞，有廊环抱，廊端建有亭子。

隋唐两代，除了长安、洛阳两京宫殿外，还在长安、洛阳附近建了大量的离宫、行宫。唐玄宗时期在临潼骊山北麓建有华清宫，主要用作温泉沐浴。华清宫规模巨大，宫室奢华，为唐代离宫中最著名的。唐玄宗一般从十月开始在此居住，直至次年春天。天宝年间在此宫外建罗城，为百官宅邸和临时居住。帝王长时间居住在此地，此地发展成冬季专用离宫，并逐渐在此形成颇为繁华的城市。近年考古发掘已证实汤池遗构和相关建筑遗址。此外还有渤海上京宫城，比照大明宫格局建设。

三、园林

园林随着经济文化的发展逐渐兴起，尤其在国家统一富强、安定的时期，从帝王到贵族、富豪都大力修造苑囿和园林。我国历史上在富庶安定、文化兴盛的王朝，园林都得到了大发展。隋唐时期国家的统一

和经济的发展，都创造了足够条件，加上文化的繁荣，国家在皇家园林建设上投入巨大，建造了规模极大的皇家苑囿。同时，贵族官宦也争先修造园林，除了在都城坊里建造，也在郊外圈占庄园修造园林。在此时期，通过科举制度入仕为官的人众多，加上唐代诗文新篇迭出，成就卓著，影响力扩散迅速，部分文人在宅第建设上为园林注入了诗情画意，提升了园林的艺术性，并通过诗文对园林的鉴赏描述进一步扩大了园林建设理念的影响。官宦池园的繁盛之外，士大夫结合山水诗情的私园丰富了造园的手法和意境。

（一）皇家禁苑

隋建都大兴后在都城旁建大兴苑，其后唐在其基础上改建为长安禁苑；另外隋在东都洛阳还建有西苑。此两处苑囿的面积超越所在都城面积。唐后来也对西苑进行改建完善。除了两宫外的苑囿，两宫内还有内苑，宫内还有园林，形成内外大中小的三套园林。皇帝除了带随从在园林中游玩，还经常在苑囿中与大臣举行宴会，因此其间布置有亭台楼阁，建造上多利用自然景观结合人工造景，继承汉代园林宽阔面广的特点，山水相间、视野开阔，比拟仙山楼阁，楼阁、亭台相间，建设非常豪华。

长安禁苑地域广大，超过唐长安城的两倍，其中有二十四所宫、亭。整个禁苑实为皇帝庄园与猎场，宫、亭为离宫和皇帝临时休憩的场所。宫内苑囿有唐太极宫内苑、大明宫东内苑；宫内园林有唐长安三内园林。

（二）私家园林

唐代私家园林盛行，主要在长安、洛阳，史籍和诗文中均留下诸多记载。虽然今天无法看到这些园林遗构，但从记载中能窥见其基本样貌。唐代早期贵族豪门的园林普遍规模宏大，主要是大型池园，多富贵豪华的气息；后期文人出身的官吏修建园林则以秀美雅致和蕴含诗意取胜。

唐代的王子公主以及达官显贵多建富丽的园林，《长安志》❶等多有记载，如魏王东都宅第的池院、太平公主在兴道坊的山池院、安乐公主于金城坊的山池、岐王位于洛阳惠训坊的山池等。诗人宋之问曾撰写《太平公主山池赋》，对其池院有详细描述："列海岸而争耸，分水亭而对出。其东则峰崖刻划，洞穴萦回。""高阁翔云，丹岩吐绿。""罗八方之奇兽，聚六合之珍禽……"❷

很多贵族官员也多建池园，有的与宅第相邻，可以作为日常游憩场所；有的建于城垣之外，作为偶尔宴游聚会之所。白居易诗写道："朱门深锁春池满，岸落蔷薇水浸莎。毕竟林塘谁是主，主人来少客来多。"

自南北朝时期，南方与北方园林开始呈现出不同风尚。虽然皇家的地位需要通过游园宴会时注重繁华隆重来彰显，但南朝总体社会风尚重视清游静观，陶冶性灵，认为"何必丝与竹，山水有清音"，"鼓吹不及园中蛙鸣"，体现出崇尚自然的欣赏趣味。唐代诗人兼画家王维在辋川山谷（今陕西省蓝田县西南10余公里处）营建有辋川别业园林。此园是在宋之

❶《长安志》是北宋宋敏求记述唐都长安宫城、坊市及属县的专著。

❷马积高：历代辞赋总汇，湖南文艺出版社，2014，第1299页。

问辋川山庄^❶的基础上营建的，在具有山林湖水之胜的天然山谷区，对山川、泉石、植物等景物进行题名，使山貌、水景、林木的美更加集中，并突出地表现出来，在可歇处、可观处、可借景处，精心选取位置修筑屋宇、亭馆，创作成既富自然之趣，又有诗情画意的自然园林。王维寄情其间的山水田园诗，在描绘自然美景的同时，流露出闲居生活中闲散安逸的情趣，其歌咏隐居生活，既有传神写意、形神兼备的妙处，更有清新淡远、自然脱俗的风格，创造出一种"诗中有画，画中有诗"（《东坡题跋·书摩诘蓝田烟雨图》）、"诗中有禅"的意境，在诗坛树起独特的旗帜。王维居住在别业时作有《积雨辋川庄作》《山居秋暝》等诗篇，诗句"明月松间照，清泉石上流"描绘了在明月高照的夜晚，山泉在山石上流淌，动静结合的园林夜间景象。中晚唐后，部分文士官吏官场失意后，退隐造园以抚慰心灵。如晚唐大诗人元稹、白居易等，退隐后购买宅第，修造园林，以大量诗篇吟咏闲居小园的闲情逸致和清寂闲适。此种精神情趣的引领，加上广为传播的杰出诗文的精神力量，为后世园林营造开启了新的意境、风貌和精神指引。唐代敦煌壁画中，也描绘了众多的私家园林图样。

❶ 辋川地处今陕西省西安市蓝田县西南。唐朝初期，这里曾是诗人宋之问的庄园别墅。后来，诗人王维购买了该庄园作为理想中的隐居之地，并依据自然地貌进行改造，结合自己独特的审美情趣整治重建了这座别墅。

四、宗教建筑

隋唐时代国家统一，版图空前扩大，东西经济文化交流频繁，加上大运河便利了国家内部南北、东西的全面沟通，文化及宗教得以迅速传播。由于统治者的提倡，宗教在隋唐时代得到充分发展，多种宗教并

存。从隋代开始，隋文帝、隋炀帝均大力提倡并发展佛教，隋文帝曾下令各州建舍利塔。唐代宗教发展到鼎盛，佛教形成禅宗、密宗等八大宗派，完成佛教的本地化。同时，其他宗教如本地的道教也得到空前发展。佛教、道教是当时的主流宗教，各地修筑的相关宗教场所不计其数，遍及城镇山野，至今依然遗存部分唐代宗教建筑。虽然今天所见实物不多，但是从大量的文献记载和图例中可以看到各地宗教场所的繁荣。从现存五台山南禅寺、佛光寺，能窥见唐代宗教建筑的基本风貌。南禅寺大殿规模不大，显得别致优雅，简洁中透出沉稳遒劲的唐风遗韵。文庙为尊孔的礼制建筑，目前遗存最早的文庙是五代正定文庙。

（一）寺庙

佛光寺东大殿为目前可见的唐代建筑中等级最高的一座佛殿建筑，是中国排名第三早的木结构建筑。佛光寺的唐代建筑、唐代雕塑、唐代壁画、唐代题记，被梁思成称为"四绝"，历史价值和艺术价值较高。

佛光寺创建于北魏孝文帝时期（471—499 年）。唐武宗会昌五年灭佛，寺内建筑全部被毁，仅存一座祖师塔。唐宣宗李忱继位后对佛教态度变化，由灭佛转向容许佛教发展，由此，在唐大中十一年，由供养人宁公遇出资，高僧愿诚主持重新建造佛光寺。目前寺内共有殿、堂、楼、阁等一百二十余间，其中东大殿有七间，是唐代遗留的原始建筑。东大殿内的彩塑佛像、壁画等也是这次重建后的遗物。其他建筑被毁

坏后由后代补建。佛光寺内有两座唐代八角形石幢，东大殿前的立于唐大中十一年；文殊殿前的立于唐乾符四年。

佛光寺东大殿布局层次分明，其屋面方正简洁而略带弧线，端庄大方，斗拱层叠，出檐宽阔；殿堂内部宽敞，空间高大舒畅，寺内天花部分绘有繁密的装饰图案，彩绘古朴大气，与简洁明快的梁、斗拱等形成对比，体现出唐代建筑装饰艺术的空间处理特色，整体呈现强烈的唐代风尚，特色鲜明。

（二）佛塔

隋唐时期，除了寺庙建筑，基于佛教传统，为祈福所建的佛塔也是重要的佛教建筑。一般就功能而言，分为佛塔、墓塔、风水塔等。一般寺庙中都建有塔，形成前塔后殿，或双塔并立，或建于寺后、寺旁等灵活布局。结构上有空筒塔、实心塔、塔心柱塔等，有砖、石、土、木、陶等不同建筑材质。目前遗存多为砖石塔和砖身木檐塔。造型有单层、多层等，平面有方形、六角、八角、圆形等。现遗存有五台山佛光寺东边山坡前的六角形塔。还有河南登封会善寺净藏禅师八角形塔，山西运城寺北村泛舟禅师圆形塔等。

现存唐代楼阁式砖塔典型的有西安兴教寺玄奘塔、西安大雁塔、江苏苏州虎丘云岩寺塔。密檐式砖塔在矮台基上建较高的第一层，进行重点装饰，二层以上塔檐密布重叠。部分高塔在层檐翼角设置木质角梁，下挂铜铁风铃，有风时铃声远播，富有情趣。密

檐塔有西安荐福寺小雁塔，云南大理崇圣寺千寻塔也是密檐塔。

●西安大雁塔

（三）石窟与佛像

隋唐时代，石窟开凿十分兴盛，分布地域更加广泛，不仅北方开凿众多，在西北的甘肃、新疆，西南的四川等地也有大规模开凿。如敦煌石窟、洛阳龙门石窟、麦积山石窟等。石窟建设需要雄厚的经济支持，很多石窟的建设都有皇室或者王公贵族的密切支持。开掘的石窟多种类型并存，其中佛殿

窟和大佛窟最有特色。

佛殿窟在隋唐时期最为普遍，即中间为一大厅，在后壁或者两耳处凿佛龛放置佛像，整体顶部为覆斗形，类似一般寺院大殿的形式，作为礼拜和讲经的地方。巴蜀地区多为敞口的平顶形式。隋唐石窟本身的建筑造型是对现实建筑的模仿，也是对理想化世界的追求。如莫高窟唐代窟殿，在初期采用人字坡，绘出椽望等，后来天花处理更加富丽，有些更绘出藻井彩绘，而窟内墙壁多绘满绚丽多彩的经变画，表现规模宏大的佛国净土，体现了唐代建筑的高超彩画技艺。

受犍陀罗建造大佛像的影响，在高大崖壁开凿大佛像也十分流行，有陕西彬州大佛寺大佛像等。最著名的是唐鼎盛时期开凿的洛阳龙门奉先寺卢舍那大佛，从此开启凿大佛像的风气。此后有甘肃柄灵寺第171窟弥勒大佛，莫高窟第96窟北大像、第130窟南大像；四川有雄伟壮观的乐山大佛等。这些大佛像利用山崖开凿，山佛一体，气势宏伟。

洛阳奉先寺卢舍那大佛像是唐高宗及武则天亲自主导的造像工程。卢舍那大佛高17.14米，头高4米。佛教教义中，卢舍那佛是报身佛的名字，是佛在显示美德时的一种理想化身。当地传说卢舍那大佛是武则天的"报身像"。卢舍那佛面容饱满，体态庄重，神态优雅，庄严雄伟而又慈祥和蔼，显现出她作为唐人心中美与智慧化身的尊贵样貌。在龙门石窟众多的造像中，卢舍那大佛具有最美的形态和最高的艺术价值，也是中国现存最知名的佛教造像之一，她不仅是

龙门石窟最具标志性的作品，同时更是中国唐代佛教雕刻艺术的代表作。

乐山大佛造像在三江汇合的江边山崖开掘，呈现临江危坐的态势。他的双手似乎轻轻地放在膝盖上，头部与倚靠的山体等高，神情庄严肃穆，体态自然匀称。大佛总高71米，头高14.7米，肩宽24米。发髻有1051个，均为一个个单独制成之后安装在头部。他的手指有8.3米长，从膝盖到脚背有28米高。他的脚背宽8.5米，脚面可围坐百人以上。岷江、青衣江、大渡河在乐山汇流，汇合在凌云山的山脚，在此处形成湍流激烈的水势，尤其夏汛来临之时，江水湍急翻滚，常常造成船毁人亡的悲剧。海通禅师为减消水势的危害，募集人力物力开凿大佛，以普度众生。乐山大佛像在开元初年（713年）开始开掘，当修造完头部的时候，海通禅师去世，工程中断。多年后剑南西川节度使捐赠俸金继续工程，朝廷得知后以税款给以支持，工程进展加快。当乐山大佛修到膝盖的时候，节度使章仇兼琼升任户部尚书前往长安，地方主官的缺失使这一地方重大工程再次停工。四十年后，节度使韦皋捐赠俸金继续修建大佛。经三代工匠的努力，共耗费长达九十年时间，乐山大佛终于得以完成。在沿江崖壁上，还有两尊护法天王石刻，身高大约16米，在大佛左右起到烘托的作用，丰富了以大佛为中心的整体崖壁造像格局。佛像建造完成之后，曾修建了七层楼阁加以保护（也有说九层或十三层），当时称为"大佛阁"，后损毁。

●乐山大佛

五、民居住宅

隋唐经济文化发达，各地的城乡建筑比前代有较大发展。早期"凡宫室之制，自天子至于士庶，各有等差。天子之宫殿皆施重拱藻井，王公、诸臣三品以上九架，五品以上七架，并厅厦两头，六品以下五架。其门舍，三品以上五架三间，五品以上三间两厦，六品以下及庶人一间两厦"❶。

❶唐亦功：永恒的城市与建筑，商务印书馆，2008，第244页。

初唐时各地宅第遵守此制，唐高宗后，日趋追求奢靡，王公勋贵多修筑奢华宅邸。也有崇尚简朴者，价值观比较多元。安史之乱后，等级规制不再严苛，富裕人家宅第争相追逐奢华。目前从文献及部分图像资料中可见当时住宅院落的基本面貌。可见官员宅第院落规模较大，类似庄园。城市中的庭院多在后部或宅旁建造水池假山，以诗情画意相合，如白居易的退老宅园："地方十七亩，屋室三之一，水五之一……有水一池，有竹千竿……有堂有亭，有桥有船……"❶（白居易《池上篇并序》）一般乡村住宅，如五代卫贤《高士图》中的山间村居，为唐、五代普通民居建筑的样貌。

隋唐五代，民居的室内陈设丰富，从一些图像和墓葬明器、壁画中可见，有桌、凳、长案、镜架、衣帽架、箱等，并有多样装饰，造型丰富，可见较高的装饰工艺水平。

❶ 程国政编注：中国古代建筑文献集要 先秦—五代，同济大学出版社，2016，第 332 页。

● 唐 李思训 耕渔图

六、陵墓

唐代持续时间近三百年，在关中共有帝陵十八座，多建山陵，只有四座陵墓为平原封土陵墓。其中昭陵、乾陵筑于盛唐时期，规模宏大壮丽，其修筑理念和布局对后世帝王陵墓影响极大。

（一）昭陵

唐太宗李世民的昭陵位于咸阳烟霞镇九嵕山，在唐代帝陵中是最壮观的。昭陵是唐太宗李世民与文德皇后长孙氏的合葬陵墓。从唐贞观十年文德皇后长孙氏入葬，到唐玄宗开元二十九年，昭陵建设持续超过百年，周长六十千米，占地面积两百平方千米，有超过一百八十座陪葬墓。昭陵是关中"唐十八陵"之首，也是中国历代帝王陵园中规模最大、陪葬墓最多的一座，也是具有代表性的一座唐代帝王陵墓。

昭陵主陵位于陵园最北端的九嵕山主峰，各功勋属臣的陪葬墓以等级错落布局，围绕着陵山主峰，呈半环形的扇状分布在陵山主峰两边和南面，拱卫护卫着昭陵，象征着君主专制下帝王至高无上的权力，体现着浓郁的君主专制的宗法等级思想。

昭陵玄宫开凿在九嵕山主峰南面山坡的半山腰，在主峰下部修建地宫，整个陵区包括陪葬墓的区域，周边绵延六十里，气势宏阔壮观。据有关文献记录，原来昭陵有垣墙环绕保护，陵山上还建有供墓主灵魂游乐的房舍、游殿等。由于主峰周围山势陡峭，还在山腰开凿架设有四百多米栈道，直到元宫门。陵墓垣墙四角建有角楼，并在垣墙四面正中开门，南北分别

称为朱雀门、玄武门，东西分别称为青龙门、白虎门。

（二）乾陵

乾陵是唐朝第三位皇帝唐高宗李治和武则天的合葬陵，是陕西唐十八陵中规格最高、保存最完整、艺术价值最高的一座。乾陵陵园位于陕西乾县城北六公里的梁山上，以梁山主峰为陵山。据有关史料记载，乾陵原有两重城垣，内城占地二百三十万平方米，外城"周八十里"。在内城东、西、南、北四个方位各设有青龙、白虎、朱雀、玄武四个城门。陵园内原有献殿、偏房、回廊、阙楼等房屋建筑三百七十八间。乾陵建于盛唐时期，陵园规模庞大，地面建筑模仿唐代都城长安，可以分为内城、外城和陪葬墓区三个部分（相当于长安城的宫城、皇城和外廓城）。陵园配建的相关建筑雄伟富丽，装饰奢华比肩长安宫殿，有"历代诸皇陵之冠"的称谓。乾陵强调面对南神门的神道轴线布局，起点为残高约八米的东西阙，从此处往北行三公里有南二峰，上面建有高十五米的土阙，左右两阙之间为第二道门址。在此处沿神道向北，神道两侧对立有华表、翼马、朱雀、石马、石人、无字碑等，碑以北有第三道门，有等级最高的三出阙遗址，阙内有蕃像六十一个。再往北即内陵垣南门，有朱雀门，外面立有双阙。现乾陵宏伟的地面建筑已经不复存在，如今保存最完整的就是内城朱雀门外神道两侧对称排列的一百多件大型精美的石雕，其中最为著名的有无字碑、述圣纪碑、六十一蕃臣像、石狮等独具特色的石雕艺术作品，有"唐代露天石雕艺术博物馆"

的美誉。由于乾陵本身所蕴含的文化底蕴，以及它在整个唐朝历史中占有的重要地位，2017 年被国家文物局正式列入第三批国家考古遗址公园立项名单。

　　乾陵除主陵外，文献记载在它的东南方位分布有十七座陪葬墓。1960 年至 1972 年考古发掘了其中的五座（有永泰公主墓、章怀太子墓、懿德太子墓等），出土的文物精美、丰富，尤其是色釉鲜亮的唐三彩、雕刻精美的石椁线刻画和缤纷绚丽的彩绘壁画被称为"唐墓文物三绝"。这些珍贵文物为我们研究唐代的政治、经济、文化、艺术以及宫廷生活等方面都提供了宝贵的实物资料。后经修复整理，目前正式对外开放的是永泰公主墓、章怀太子墓和懿德太子墓，其中永泰公主墓是最具代表性的一座。

七、大运河

　　我国很早就有开凿运河的记载。公元前 486 年，春秋时吴国开凿邗沟，连通江苏淮安至扬州，沟通长江淮河水系。两汉、南北朝也有开凿运河的文献记载。隋文帝开运河建设，凿通广通渠、山阳渎；后隋炀帝进行更大规模的连通南北的大运河建设，从都城直连到江南扬州。

　　隋唐大运河是在原来地方性运河的基础上，加以连通形成的，包括通济渠、邗沟、永济渠、江南运河四部分。隋炀帝于 605 年到 610 年，历时六年，通过疏浚或者开凿，形成北到北京通州，南到杭州，西到西安的完整水运系统，贯通整个华北、华东平原，全长超过两千公里，是我国古代伟大的工程壮举。通

运河沟通了我国黄河长江为主的几大自然水系，使全国的水运网络得以相互连通，成为以低成本和高效率沟通东西南北的主干交通网，与陆地道路交通一起形成畅通全国的交通网络。虽然开凿代价高昂，但对其后国家逾千年的整体平衡发展，尤其对沟通南北经济，促进文化交流发挥了巨大的作用，惠及后世各个时期。

隋炀帝大业元年（605年）利用之前王朝开凿留下的邗沟，将其疏浚后成为隋唐大运河最早修建的一段——"邗沟"。春秋时期，吴王夫差下令开凿了连通长江和淮河之间的运河，因途经邗城，故得名"邗沟"。邗沟沟通了长江、淮河两大河流。大业四年（608年），隋炀帝诏发河北诸郡百余万人修永济渠，通过引沁水，南达黄河，北通涿郡。永济渠也是利用之前王朝开凿留下的运河河道与自然水道疏浚而成的。大业六年（610年），隋炀帝下令开凿江南运河（即江南河），从京口（今江苏镇江）至余杭（今浙江杭州），全长八百余里，宽十余丈。江南运河也是利用前代开凿留下的运河河道加以疏浚而成的。

大运河是中国古代劳动人民创造的一项伟大的水利工程，经历代开掘不同的河段，最后在隋唐完成全部的南北连通，成为世界上最长的运河。它也是世界上开凿最早、规模最大的运河，成为中国古代南北交通的大动脉。2014年6月22日，大运河在第三十八届世界遗产大会上被批准列入世界遗产名录，列入申遗范围的大运河遗产分布在中国两个直辖市、六个省、二十五个地级市。

八、小结

隋唐统一的国家形态，使国家能集中控制的资源极大丰富，为彰显皇权的威严和至高无上的权威，也为了加强统治，大规模建设逐渐开展，随着建筑技术的逐渐成熟，最终形成了完整、宏大的建筑体系。这种以木构为核心的技术体系与建筑理念，在前代发展的基础上逐渐完善，到隋唐时期已经完全成熟，也被后世所继承和发展，奠定了中国古代建筑的系统和基本面貌。统一帝国王朝的强盛，也反映在建筑上的宏大规模和磅礴气势，造型俊美、端庄大方，规整而不呆滞，华美而不纤弱，舒展而不夸张，简洁而充满活力，体现了唐代勃发向上、清新健朗的时代风尚。

隋唐两代建造了中古时期世界上最大的都城和宫殿。随着经济的繁荣，从士族勋贵到普通富贵人家，"第宅日加崇丽。至天宝中，御史大夫王鉷有罪赐死，县官薄录太平坊宅，数日不能遍。"（封演《封氏闻见录·第宅》）[1]

昭陵、乾陵等帝陵依山取势，众山拱卫，气势宏大。在都城等城市建筑群的布局上，主次分明，错落有致。普通的民居建筑也形成了在主体建筑四周接耳房，左右侧面、前后续接次房等建筑组合方式。合院式建筑也横向扩展形成建筑群，成为多路多进的格局，并以夹道连接，用于交通、防火等。这种合院式布局方式在此时成熟，并为后世所沿用，成为我国传统古建筑群组合的基本方式。砖石建筑技术进步显著，如隋代赵州安济桥，创造了最早的敞肩拱桥，技术先进，坚固而又造型优美，石雕装饰美观。以佛塔为主的砖

[1] 严杰译注：古代文史名著选译丛书唐五代笔记小说选译，巴蜀书社，1990，第33页。

塔建造技术已经十分成熟，至今留存不少的砖塔，如佛光寺祖师塔、西安小雁塔、登封法王寺塔、虎丘云岩寺塔等。

全国统一带来的经济、文化、技术的融合，尤其南北交融的便利和顺畅，给建筑技术带来活力与创新。同时，基于管理、质量和效率的建筑技术规范逐渐形成，如隋工部尚书宇文恺❶著有《东都图记》二十卷，《明堂图议》二卷，《释疑》一卷；唐代也颁布了《营缮令》，说明国家层面对建筑技术及其规范的重视。从平面形式到铺作与梁架，再到比例图样的设计方法，建筑的标准化、模数化得到广泛应用。北方官式建筑和较为大型的建筑开始由土木混合过渡到木构为主，木架构式建筑开始流行，并广泛应用到宫殿坛庙、园林民居、寺庙道观，结构上简洁实用、受力合理、美观大方，木楼阁技艺更加完善，营造出了复杂结构的精美亭阁，体现了成熟的建筑技艺。建筑技术的逐渐成熟，大大改善了人们的居住生活品质。同时，建筑艺术及装饰大发展，屋面造型表现在外观线条上呈现直线中略带曲线的造型变化，既有遒劲之力，也富于韵律变化。木作开始有意地营造造型的变化，加上装饰及彩绘，并在藻井、墙面绘制丰富的绚丽多彩的彩画，如敦煌唐代壁画中的建筑及其装饰，精美绝伦。

隋唐建筑装饰在延续南北朝乃至汉晋传统之后，在装饰造型与纹样、题材与风格等方面进一步完善和发展。在初唐的简朴风格之后，随着社会经济的稳定发展，奢靡之风逐渐流行，在高宗武则天至玄宗开元与天宝年间，从帝王皇室到贵戚、官宦乃至民间富豪，

❶ 宇文恺，字安乐，中国古代杰出建筑学家、城市规划专家。著有《东都图记》《明堂图议》《释疑》等，已佚。

争相在宅第建设装饰上争奇斗艳，装饰铺张繁华。宫殿和寺庙的装饰也日益追求富丽之美。至晚唐，更是从宫廷到民间，普遍极力追求装饰美。这种繁饰之风，除了战乱导致经济衰败时期衰落外，在经济稳定发达的时期一直有延续，并传续至宋及后世。

建筑装饰随着唐代进入繁盛时期，统一的国家和疆域控制范围的扩大，导致南北东西交流和与西域等地的域外交流日益广泛，尤其源自粟特、波斯、拜占庭等地的装饰纹样，受到社会各阶层的广泛喜爱并流传开来，开始应用于建筑装饰及墓室石刻等，其装饰图样尤其是联珠、团窠、卷草等纹样逐渐融入中原传统和民间艺术中，孕育了隋唐时期建筑装饰的新风格，这些新风尚，也深刻影响到日本、朝鲜等地。隋唐时期建筑装饰成就主要体现在以下几个方面：木构表面装饰、地面与墙面装饰、台基勾栏、门窗、天花与藻井、脊饰与瓦件等。

第三节　宋、辽、金、元时代建筑

北宋自 960 年建立，逐渐统一北方大部和南方，在不同时期与北方辽、金，西北西夏、蒙古等不同民族政权形成对峙。宋朝（960—1279 年）是中国历史上上承五代十国下启元朝的朝代，分北宋和南宋两个阶段，历三百一十九年，是中国历史上商品经济、文化教育、艺术、科学创新高度繁荣的时代。其时，儒学复兴，程朱理学逐渐取得主导地位，科技发展迅速，政治开明，内部动乱在中国历史上也相对较少。北宋

人口迅速增长，在 1124 年达到 12600 万。在整个十世纪到十三世纪末的大约三百年间，宋主导了华夏主体中原和南方，在经济、文化、科技方面取得辉煌成就，成为中国封建社会的高峰。经济、文化、科技的进步，也在建筑方面得到体现，孕育了宋代的建筑成就。辽仿宋制设五京、府、州、县，部分城市保留唐坊市制。金承袭辽五京，地方设置路府州县。由此在北方辽、金的不同地区也形成大小不同的城市，其建筑也在承袭前代唐和中原先进建筑的影响下发展，并在装饰方面吸收了各民族特点。

一、两宋建筑

宋代是中国封建社会发展的成熟期，在农业生产、工艺技术、商贸、文化、城市化水平等方面都有巨大发展。宋代农业生产租佃制逐渐占主导地位，产品地租取代劳役地租成为主流，提高了农业生产的效率，扩大了规模，生产者有更多灵活性与收益，生产积极性高涨，垦田总亩数和亩单产都达到唐代的两倍。官营、私营工业和手工业发展较快，尤其冶铁技术提升，产量达十五万吨。城市社会生活的发展，刺激了商贸活动的繁荣，工商业迅速发展，遍布城市、街巷。航海上能造超千吨货船，并用海图和罗盘导航，技术先进。由于陆地丝绸之路闭塞，对外贸易以海运为主，海运商业发达，形成明州、泉州、广州等外贸港口，外贸在南宋时期带来的财政收入甚至超过国内农业和工商业收入。

与经济方面的高度发展同步，科学技术和文化

也有了巨大发展，指南针、火药、活字印刷术产生于宋，享誉世界，造纸术在此时也得到改进提高。文化方面，文学、艺术、哲学、史学等都在前代基础上得到较大发展，如程朱理学思想体系承继前代儒学，融合儒道佛思想，形成了较为完整的唯心哲学理论体系。与文化兴盛同步的是教育的发展，除了中央的官学，许多地方州县也大量兴学，随之书院兴起，讲学、争辩之风盛行，筑就了学术发展的辉煌时期。文学、艺术、哲学思想的发展最终对建筑从规划到细节产生潜移默化的影响。

宋分北宋和南宋，北宋都城在汴梁，即现在开封，都城和宫殿建筑辉煌灿烂。南宋都城在临安，即现在杭州。李诫总结建筑技术形成技术文献《营造法式》，成为世界建筑技术经典文献。两宋在佛教建筑上也取得了极大成就。

宋代经济增长迅速，人口迅速增长，商业日益发达，交通网遍布各地，在交通和商业中心，迅速形成大的城市。同时，在经济商业繁荣的推动下，各地形成很多中等城市，与此同时是全国范围内小城镇的普遍兴起与繁荣。宋最繁盛的宣和时期，设置四京"开封、河南、应天、大名"四府，称为京府。地方行政分路、府（州）、县三级，形成以行政区域划分的区域中心城市。而州县一级由于经济差异呈现不同规模样貌的小城，地区差异比较大。

（一）都城、宫殿

北宋都城是汴梁，又称东京（洛阳为西京），即

现在的开封。公元907年，后梁建都开封，升汴州为开封府，号称东都。后晋、后汉、后周相继建都开封，公元938年称开封为东京。公元960年，后周赵匡胤发动兵变建立北宋，定都开封。北宋鼎盛时期开封人口达150万，不仅是国内经济、政治、文化中心，而且是"万国咸通"的国际大都市。公元1126年金攻陷开封，改开封为汴京。公元1214年金朝迁都开封。

1. 北宋东京

开封建都后，经过几次重修和改建，其规模远远超过前代。东京分为外城、内城、皇城，分别建有三道城墙围护。外城垣长约五十里。由于四条运河贯通，设置了九座水门，为了沟通城内各区域被运河分割的交通，修建了三十三座桥梁。城外有护城河，称护龙河，约十丈宽，河边种植杨柳形成绿化护林带。皇城即宫城，城墙长约五里，有六座门供出入。内城在东京城的中部，城墙长度约二十里。城内修建了四十余座宫殿，有四条御路连接宫城与内外城。在宫城正门宣德门和内城正门朱雀门之间修建官署与坛庙等礼制建筑，使皇权与国家管理功能得到实现。在城市中，商贸交易的发展促使商业街兴起，形成开放的街市和各种集市，各种手工作坊俱全，各种买卖种类繁多，夜市非常兴盛。东京作为北宋的政治、经济、文化中心，其繁荣的程度在全国首屈一指，由名著《东京梦华录》❶、名画《清明上河图》可见。

❶《东京梦华录》是宋代文学家孟元老的笔记体散记文，该著作追述北宋都城东京开封府城市风俗人情，是研究北宋都市社会生活、经济文化的一部重要的历史文献古籍。

●清　院本清明上河图　局部

●清　院本清明上河图　局部

北宋汴梁的宫殿在内城中间的皇城内，丹凤门内为中央机构，有都堂、尚书省、中书省、枢密院、明堂等。过东华门、西华门，到宝文阁后面，是皇帝办理政务和举行仪式的地方。宫内的大庆殿是举行大典的地方，正面宽九间，殿前有大院子，能容纳万人。大庆殿西面有文德殿，为皇帝上朝及与大臣议事的地方。大庆殿后面是紫宸殿，为举行小型会议和接见外国来使的地方。殿西是集英殿，是设宴和试举人的地方。大殿的基本情况可从史籍中知晓，而宋徽宗赵佶所绘《瑞鹤图》，下部即为皇宫宣德殿外观。北宋宫殿的主要形式是主殿两侧有狭屋，采用工字殿❶样式。

东京城市干道以宫城为中心，向四周延伸，形成井字形方格网，次要一级的道路和街巷一般也是方格网络，部分成为丁字交汇。受城市内部河道走向影响，在内、外城中形成几条斜向街道。在宋代，开封城中有四条河道：汴河、蔡河、五丈河、金水河，由于水路连通隋唐大运河，并且由于汴河本为大运河的一段，水运成为北宋都城开封的关键交通方式，沟通聚集了全国货物财富。

开封由于人口增加，面积小于唐长安，城市建筑密度相对较大，街道普遍比较窄，虽经后周拆迁扩大道路宽度，但城市街道逐渐发展出密布店铺的商业街，加之城市商业和手工业的发展繁荣，路面被侵占，街巷间距变小，从《清明上河图》看街道宽大约 20 米。由于社会经济的发展，商业经济日益发达。原来隋唐时期封闭的里坊被拆除，代之以开放的商业街市和各种集市，商业网点遍布城市，大街小巷、路口桥头，

❶ 工字殿是中国古建筑布局组合形式的名称。该种形式前后两殿以廊相连，构成工字形建筑平面，故称"工字殿"。

都成为交易的场所。同时，交易的时间不再严格限制，早市、夜市繁荣，庙会和各种节日集市盛行，从官府到权贵纷纷参与到城市商业和手工业发展大潮中。此外，在东京还形成了六处勾栏瓦市（即临时表演的戏场），围绕临时戏场，又发展成大集市，各种娱乐、休闲繁盛起来，使民众生活更加丰富多彩。

东京城市商业区主要分布在主要交通干道上，形成一些行市如酒楼、食品店等分区商业，在要道处和靠近宫城的街巷，形成繁华的核心区，酒楼、饮食店、医药店、金银行等聚集。

2. 南宋临安

靖康之变后，宋高宗赵构在南京应天府（今河南商丘）登基建立南宋政权。南宋建炎三年（1129年），置行宫于杭州，绍兴元年（1131年），升杭州为临安府，作为"行在所"❶，绍兴八年（1138年）定都此处，又增建礼制坛庙建筑，杭州城垣因而大大扩展。南方政权建立后，出于对正统的认同以及对北方异族统治的恐惧，北方许多人跟随宋室朝廷南迁，南宋统治相对稳定后，吸引更多北方汉族人口南迁，因此临安府人口逐年激增，到咸淳年间，居民已经超过一百二十万人。杭州府城所在的钱塘、仁和两县，人口也超过四十万人。

南宋都城临安分为内城和外城。内城（皇城）面积方圆九里，围绕着凤凰山布局，从北面凤山门起，南面到达江干，西面到达万松岭，东面直到候潮门。在皇城内依次建设有殿、堂、楼阁等，并修建多处行宫和御花园。外城有十三座城门连通外部，城垣外挖

❶ 行在所，在古代指天子所在的地方，或者专指天子巡行所到之地。

掘有护城河。临安城布局南倚凤凰山，西临西湖，北面和东面是平地。宫殿在凤凰山，御街往北延伸，形成南宫北城的格局，寓意南宋心向中原。

杭州的发展历史比较悠久。在北宋元祐四年（1089年），诗人苏东坡任杭州知州，再次对淤塞的西湖进行疏浚，用所挖取的湖底淤泥，堆成横跨西湖南北的长堤（后人称为苏堤），堤上建有六座桥，下面两边的湖水能相互沟通，堤边种植大量桃、柳、芙蓉等花木，使西湖更加美化。后又开通茅山、盐桥两运河水系流经市区，并疏通六井，使海水盐卤不侵入市区水源，居民饮水更加便利。经过北宋一百六十多年的发展，到南宋时期，杭州进入发展的鼎盛时期。南宋定都临安后，大约花了二十年时间，进行宫殿和郊外坛庙等的建设，形成方圆九里的皇城，又进一步扩建了外城。如果说北宋都城东京是以皇城为中心，再依次向外，按里城、外城、郊外的顺序渐次扩展，那么南宋临安却更多的是根据城市商贸活动自然发展形成多中心的布局，如外城城门外形成了几个分类的大型生活用品批发市场（主要有粮食、蔬菜、水果、水产品、肉产品等）；而城外的西湖沿岸则形成了一个繁华的商业休闲文化中心区，湖边楼阁台榭林立，各色林园争奇斗艳，还有众多的寺观，有诗描述："一色楼台三十里，不知何处觅孤山。"西湖沿岸逐渐形成了一个集居住、娱乐、文化、商业于一体的繁华地带。

南宋时的杭州（临安）人口激增，为社会发展和生产力的释放创造了条件，促进了商业的繁荣。南宋

都市经济异常繁荣，超越以前各个时代，在世界上也是位居前列的。其时城内外手工作坊林立，生产出各种丰富的日用商品，丝织业尤其发达，织造技艺精良，生产出许多精巧名贵的丝织品，享有盛名。据《武林旧事》等史料记载，南宋时的杭州商业有超过四百种行业，各种交易繁盛，各种物资货品汇聚，应有尽有。南宋时期，对外贸易兴旺发达，出现了重要的沿海港口贸易城市如泉州、明州（宁波）等，与高丽、日本、波斯等五十多个国家和地区建立了使节往来和贸易关系，朝廷还专门设立"市舶司"管理相关事务。西湖休闲文化风景区经过不断修葺，愈加风光旖旎、优雅妩媚，吸引了大量的中外游客，湖边酒肆茶楼遍布，艺场教坊和驿站旅舍等服务性行业纷杂其间，夜市也十分兴隆。

3. 辽、金都城

辽先后建有五座都城，分别是上京临潢府、东京辽阳府、西京大同府、中京大定府、南京析津府（现北京城西南）。契丹获得燕云十六州后，938 年，耶律德光把唐代幽州城升为南京，后改称析津府。幽州是唐代控制辽东的基地，在唐初就开始经略建设，城内规划里坊整齐，街道通畅，主街横贯东西，规模宏大，"周围二十七里，楼壁高四十尺。楼计九百一十座，地堑三重，城门（开）八开（门）"[1]。

金于公元 1122 年攻占辽大部分，并占领辽南京。1127 年金灭北宋，占据中原。1151 年，金完颜亮下令迁都辽南京，改名为中都，并下令扩建辽南京，修建皇城、宫城，其大城及宫城模仿北宋首都汴梁的规

[1]（金）宇文懋昭：二十五别史 17，齐鲁书社，2000，第 291 页。

制建造。中都城在辽南京旧城的基础上向东、南拓展，形成宫城、皇城、大城三套城的格局，其皇城的内宫城之外分别布置行政机构和皇室宫苑。在中都城中，不仅布局模仿北宋东京，还追求中原的建筑文化模式，建造礼制建筑，如郊天台（《析津志》），作为祭祀天神之坛；还有风师坛、雨师坛、朝日坛、夕月坛、地坛等，也有繁华的商业区如幽州街的"幽州市"、东开阳坊的天宝宫市场，也有发达的手工业作坊。同时，宗教寺观既保留前代遗存，也修建寿圣寺、弘法寺等。从中都的建设规划可以看到，在汉族先进文化技术的吸引下，金代统治者也在思想上接近中原主流汉文化。

（二）城邑、园林和住宅

1. 城邑

宋代随着经济的发展，在经济中心、交通中心、地方行政机构驻地往往形成规模不等的城市，在一些关键区域形成了一些著名的地方城市，规模大，经济富庶，文化繁荣，建筑繁华，其中平江府、静江府、泉州、明州等代表了宋代发达的地方城市。平江府图碑所反映的宋代城市平面格局，与苏州城现状相符合。

2. 园林和住宅

园林和城市绿化。宋初，开封由于战乱，植被破坏严重，当地风沙极大。国家稳定后从王公贵族到普通官吏都大量兴建园林，同时，朝廷极力加强都城绿化，在宫内空地种植花草树木，殿阁周围及宫内道路

旁也种下大量槐树以及桧树、竹子等，营造了宫内苍翠优雅的环境。宫外街道栽植行道树槐树、柳树，沟内种植荷花，水岸遍种杂花，绿化层次丰富。城内其他街道，也广泛栽种槐、柳等树木形成林荫道。其次，城外护城河内外皆遍植杨柳、榆树，在城壕周围形成巨大的环城绿化带，这种城市内外的绿化在名画《清明上河图》中也可以见到。

●清　院本清明上河图　局部

❶ 程国政编注：中国古代建筑文献集要．宋辽金元．上 修订本，同济大学出版社，2016，第 241-242 页。

❷ 周维权：中国古典园林史，清华大学出版社，1999，第 209 页。

在两宋时期，园林建设也取得很大成就。北宋的皇家园林，最大的是汴梁东北的艮岳，周围达十余里，规模很大。此园林完工后，宋徽宗专门写下《艮岳记》加以记叙："冈连阜属，东西相望，前后相属，左山而右水，沿溪而傍陇，连绵而弥满，吞山怀谷""'寿山'嵯峨，两峰并峙，列嶂如屏""岩峡洞穴，亭阁楼观，乔木茂草，或高或下，或远或近……四面周匝，徘徊而仰顾……"❶"东南万里，天台、雁荡、凤凰、庐阜之奇伟，二川、三峡、云梦之旷荡。四方之远且异，徒各擅其一美，未若此山并包罗列。"❷可见此时造园的手段不再是仅仅截取自然中优美片段，而是调用各种手段，在有限的空间内去表现深邃的意境，并且手法灵活多样，尤其以假山之形营造真山水的气质，造园手法趋于完美。园中因地理形势在山间、水边布置不同建筑，依山和临水均有不同造型与样式。江南私家园林尤为兴盛，主要集中在苏州和杭州，在当时的绘画作品中也有描绘，艺术家的思想和作品对园林营造的意境、审美有很大影响，甚至作为直接的指导。杭州园林围绕西湖建设，南宋迁都至此（临安即杭州）后，修建大量皇家园林如有集芳园、聚景园等，加上附近不断扩建的私家园林，共有园林数十处，十分繁盛。江南的其他城市如吴江（今湖州）、平江（今苏州）、润州（今镇江）等也有大量私家园林兴建，其中以苏州沧浪亭最为有名，院内堂、屋随地形聚散布局，廊道相连，叠山绕水，林木掩映，疏密有序，整体雅趣盎然。

●宋　刘松年　西园雅集图　局部

在东京城市中，形成了开放式的街巷式城市居住区。东京里城和外城共计一百二十一坊，合计近十万户，人口合计超过一百二十万。从《东京梦华录》描述的北宋末年东京城内景象可以知道，此时居住区、酒楼、手工业作坊混杂在一起，遍布大街小巷，形成开放式街巷居住区。达官府邸也与商店区杂处，普通住宅、商店和手工业作坊相间。

在乡村中形成的自然村落，成为基层最基本的组织单位。文化在乡间的渗透显现于耕读传统的盛行，文化宣扬的价值观和思想意识深入乡村，并在村落选址、布局、建筑上得到体现。现存的一些宋代绘画中，描绘了宋代乡村村落建筑布局及基本样式，体现了与自然山水浑然一体的乡村景象。

（三）祠庙与宗教建筑

在封建社会，帝王和政权的合法性需要通过君权神授体现，因此，祭祀天地日月神祇就成为帝王必需的重大礼仪活动，历来受到统治者的重视。于是，为强化君权神授，宋代加强礼制修订，并命儒学士人编撰礼仪制度，在都城内及附近建造礼制建筑，频繁举行礼制活动，把祈求神灵保佑作为统治的精神支柱。加上经济技术的进步和成就，宋代成为礼制建筑发展的鼎盛时期。这种活动也为辽、金所模仿。

1. 祭坛

宋代大部分祭祀天、地、日、月、社稷等自然神祇的礼制建筑为祭坛，利用"不屋而坛，当受霜露风

雨，以达天地之气"❶，表现人与天直接对话的理念。
同时在祭坛旁设置帝王、官员更衣、斋戒的建筑如大
次、小次、青城等。活动结束后返回这些大次、青城
接受百官道贺，再回宫。不同性质的祭坛，根据其功
能会有不同的设置和程序，如先农坛、先蚕坛等。设
坛规则一般为都城南郊外筑圆寰坛祭天，北郊筑方寰
坛祭地祇，社坛、稷坛形制相同，社坛在东，稷坛在西。

2. 祠庙

在礼制建筑之外，还有祠庙一类，采取建筑群的
方式。一般以主祭殿为中心，沿着纵轴线前后延伸，
主祭殿的建筑空间多用回廊院落方式，前有几重门殿，
每重门殿有一进院落，其后又有一两进院落。主祭殿
规模大、等级高。还有一些附属建筑，建筑群周围设
有墙垣、角楼。其布局模式模仿最高等级的宫殿，是
因为这是给神、先贤的建筑。另有明堂，其建筑有严
格规章限制，形制专有。现存有部分宋代所建祠主殿
及其寝殿部分遗址。

宋代大力提倡尊孔读经，几代帝王均拨款扩建、
修缮孔庙，使之成为国家级礼制建筑。崇宁三年（1104
年），宋徽宗诏令天下州县立文宣王庙，使这一礼制
建筑的建设遍及全国。宋时孔庙布局与如今孔庙类似。
后孔庙为金兵破坏，后来历朝对孔庙修缮恢复。

晋祠，初为唐叔虞祠，为祭祀古唐国（晋国）
开国国君唐叔虞及其母亲邑姜所建。宋太宗（979年）
灭北汉后扩建晋祠。晋祠内除唐代碑外，最早的建
筑是宋代修建的圣母殿、鱼沼飞梁、金人台等，后
金代加建献殿。其他建筑为明清时代建筑。宋赵昌

❶ 陈振：宋史（第08部），
上海人民出版社，2003，
第112页。

言《新修晋祠碑铭并序》等文献对晋祠多有记载与描述。晋祠起源尚早，北魏郦道元《水经注》❶已有记载，后经历代修缮扩建，其中殿堂、楼阁、亭台超过百座，共同组成了一个紧凑精美的建筑群。晋祠中北宋所建的圣母殿、鱼沼飞梁最为有名。圣母殿建于北宋天圣年间（1023—1032 年），崇宁年间重修，现建筑为当时建筑遗存。殿高十九米，屋顶为重檐歇山顶，殿面宽七间，进深六间，平面近方形，四周有回廊。殿内梁架用减柱法，内部空间宽敞。殿内塑像圣母周围围绕着四十二尊侍女宦官像，神情平静端庄，与真人大小类同，平易且并不高大的造型使神化的圣母具有一种凡间的亲切感。晋祠选择背山面水的地域，水为泉水集中地，圣母殿前，鱼沼飞梁、献殿、金人台形成一条中轴线，突出了宋、金时期礼制建筑群的规整严肃，而两侧有非完全对称的难老、善利二泉，前方还有智伯渠斜穿过。总体上，中轴线置于水渠、流泉、悬瓮山等自然景物之间，将纪念性寓于自然优美的园林环境中，人们进入其间，使人扫除烦恼，以纯净的心境去怀念圣母的明慧圣洁。历代多有诗人为其优美的园林环境留下动人的诗篇，如白居易的《又和令公新开龙泉晋水二池》写道："笙歌闻四面，楼阁在中央。春变烟波色，晴添树木光……"❷李白《忆旧游寄谯郡元参军》："晋祠流水如碧玉。浮舟弄水箫鼓鸣，微波龙鳞莎草绿……"❸

❷ 周振甫：唐诗宋词
元曲全集，黄山书社，
1999，第 3369 页。

❸ 钱志熙、刘青海：李
白诗选，商务印书馆，
2016，第 145 页。

3. 宗教建筑

宗教的发展和统治集团对其态度密切相关，经过前代几次灭佛事件之后，在宋、辽、金、西夏时期，各统治集团都面临着不同的社会矛盾，为利用宗教维护其统治，统治者采取了不同的做法，形成对宗教建筑发展的不同影响。宋代外族袭扰和内部人民的反抗，使统治集团开始采用支持佛教的做法，但支持程度逊于唐代，辽、金对佛教支持超过宋。宋对佛教采取存其教，部分支持，多加限制的政策，官方对佛教建筑的投入是有限的，体现宋代皇室对佛教利用大于信奉的态度。在宋统治地区，佛教成为皇室的附庸，宗教多世俗化，甚至寺庙内院落成为商贸场所。修行者对教义的遵守不再那么虔诚，很多入教者目的不再单纯，多有世俗社会现实的原因，或社会下层人民经济困顿走投无路，或社会上层人士因政治上受排挤等，助推了佛教的世俗化。同时，宋时禅宗发展日益完善，受到广泛青睐。

　　宋、辽、金、西夏时期，是中国佛教建筑发展的活跃时期，总体布局和个体建筑均呈现出不拘一格、缤纷绚丽的特点。宋代总体上对宗教比较宽容，儒释道共存，文化比较开放，宗教建筑较多。辽、金、西夏崇尚佛教，遗留较多佛教建筑。这些建筑隐含着丰富的中国传统建筑艺术和技术的信息，也体现着宗教思想变化引起的建筑价值取向的变化，为中国建筑发展留下浓墨重彩的一笔。佛教建筑的中轴布置，有以塔为主，前塔后殿的，如应县木塔；也有以供奉高大佛像的阁楼为中心进行布局的，如蓟州独乐寺；还有以佛殿为中心的，这是宋、辽、金以来的主流，如义县奉国寺、大同华严寺等。留存至今的一些宗教建筑

有河北正定隆兴寺、蓟州独乐寺、辽宁义县奉国寺、
浙江宁波保国寺、大同华严寺、大同善化寺，佛塔有
应县佛宫寺释迦塔（木塔）、河北定州开元寺的料敌
塔、上海龙华塔、河北正定天宁寺木塔等。

　　宋、辽、金时石窟开凿不多，多修饰前代石窟。
宋代石窟开掘多在四川、陕西。如重庆大足石刻在北
山和宝顶山规模宏大，其宋代作品充满世俗气息。还
有合川涞滩二佛寺群雕、陕西子长钟山石窟等。

　　（四）小结

　　宋代经济的发展牵引城市和建筑的巨大发展和
变革。随着农业生产和手工业的繁荣，商业贸易频繁，
城市成为经济发展的中心，其中政治性城市往往发展
成为经济中心，如北宋东京、南宋临安，并且围绕大
城市，周围发展出专门的卫星城市。各地的府州驻地，
也发展成当地的经济中心。城市的发展更多开始遵循
自身发展的规律，突破唐代的里坊制限制，各种商业
行业遍布城市街巷，并由自身的商业活动演化出功能
分区，一些新的、按照经济规律发展的城市不断涌现，
使我国古代城市发展进入了新阶段。

　　随着建筑业的飞速发展，官方为了工程管理需
要，开始了建筑标准化的建设，宋元符三年（1100
年）编定了《营造法式》，总结了中国长期流行于
建筑行业的经验做法，成为标准的建筑技术集成，
形成我国历史上第一套建筑技术标准和建筑工料定
额标准。其最重要的贡献是制订出了一套科学而完
整的木构建筑用材的模数制，显示出极其先进的力

学成就，如梁等受力断面高宽比确定为3：2，也基本符合现代科学的研究结论。这一用材的模数制度，还推动了建筑的尺度、构造节点的标准化，既是保证建筑艺术效果的主要方法，又可以极大提高建筑施工的速度，这整套的控制体系保证了建筑设计和组织施工的质量。《营造法式》为李诫奉旨主持编修，共分五部分，计三十四卷，第一部分是"序""劄子""看样"，交代此书的指导思想，详细说明众多规定及数据。并规定"功分三等，为精粗之差"，进行工艺等级评定，并对工时定额做出详细说明和规定。第二部分是"总释"和"总例"两卷，统一注释各种建筑和构件的名称，对营造的规定和数据进行说明。第三部分是各"作"制度十三卷，分别叙述石、大木、小木、雕、锯、瓦、竹、泥、彩画等十三种工种的标准做法，并按施工程序相互衔接，既有一般做法，又有特殊做法，以适应不同情况和要求。书中大量的是如同"法规"的各"作"制度。第四部分是"功限""料例"十三卷，是为了控制建筑经济成本，对十三种工种的劳动定额和用料定额做出了详细规定。第五部分是各种工程图样六卷，包括平面、剖面、立面和大样等，反映了高超的技术、工艺水平，也反映出宋代的理性精神。

两宋时期文化得到空前的发展和繁荣，尤其理学逐渐成熟并在社会扩散，其倡导的"学贵心悟，守旧无功"的理念使社会释放出创新的精神，并且由于社会束缚减少，在建筑上呈现出诸多创新发展。宋代建筑在传承前代的基础上，随着社会经济活动的扩张，

新的建筑类型得到发展，在商业、娱乐、教育等方面的建筑呈现出适应新的需求的创新。建筑群体与个体建筑不再拘泥于单一形式，而是各种形式都有尝试，如从建筑平面布局到群组建筑屋顶的衔接形式，既有单轴线布局，也有多条轴线、十字轴线布局，建筑群组也组合灵活，高低错落，起伏迭出，变化十分丰富。这也是《营造法式》引导的结果，其规定主要体现在关键的结构力学要求上的模数，而对具体建筑的布局尺寸等并没有严格限定，为具体的建造留下了充分的创造空间，使宋代建筑并无完全雷同的建构。

社会生产力的提高，物质与社会生活日益丰富多彩，社会心理在艺术上的"写实"追求也开始直接影响到建筑风格，在建筑中开始追求细部的刻画，着力工巧精致，建筑的装修装饰工艺水平达到了新的高度。精工雕饰，可以雕琢出层次分明、凹凸有致的立体装饰，与平面彩画一起装饰丰富的平面与顶面，创造出精致绚丽、柔美华丽的建筑风格。而砖石建筑则大量模仿木构的丰富造型作为时尚追求。同时，儒家伦理逐渐成为建筑造型布局的意象追求，将哲理内涵寓于环境意境的塑造。如家族大宗祠的伦理教化功能，村落规划住宅建设中体现家庭伦理精神等，把儒家思想的哲理内涵融入住宅，使普通的民居建筑具有了更加深厚的文化内涵。两宋时期，经济的繁荣提高了物质生活水平，造园之风盛行，园林建筑在文化意识的影响下追求建筑与自然山水的融合，把诗情画意体现在园林建设中，

以营造深邃的意境为追求，写实与写意的风格并存，开始具备了中国古典园林的基本特点，园林的文士化的倾向日益明显。

二、元代建筑

元朝建立后于 1279 年灭南宋统一中国。在进入中原开展统一战争的时期，元朝统治集团空前的掠夺和屠杀使被统治各民族遭受灾难，人口、生产遭到巨大破坏。至忽必烈，统治者为了巩固政权，积极吸纳汉文化，推行"汉法"，"以农桑为急务"，社会生产才逐渐恢复发展。元虽仅存约一百年，但实现了空前的统一，将西藏正式纳入中国版图，归中央政府管辖；同时设立云南、岭北、辽阳等边疆行省，疆域辽阔；并加强了边陲地区与内地的联系，增进了各民族的相互交流与融合，促进了边远地区的开发。

元的统一和疆域的广大，形成了规模空前的多民族国家，政令与货币统一，农业与手工业恢复发展，驿站体系逐渐扩大和完善，开辟了畅通的国内外交通，极大促进了元代商业的繁荣，各地出现大量商业城市，北部的上都、和林，西南的中庆、大理，东北的肇州都成为地区商业中心。沿运河和长江，众多的大中城市和集镇也广泛地发展起来。元时，各民族手工业技术相互借鉴融合，得到极大发展。对外贸易的兴旺使沿海许多重要港口如广州、杭州、福州、温州、泉州等城市迅速繁荣发展起来，其中泉州被称为当时世界最大的港口。

蒙古人自身信仰萨满教，对其他宗教也比较宽
容，宗教信仰比较自由，除佛教、道教外，基督教、
伊斯兰教、犹太教都得到发展，大都城内各种宗教
礼拜建筑多有建设。佛教以喇嘛教最盛，道教以全
真教势力最大。宽容的宗教政策为宗教建筑的发展
提供了机会。

元代，文学艺术上也取得了巨大成就，如元曲的
发展。藏族史诗《格萨尔王传》《蒙古秘史》等史诗
成为不朽杰作。戏曲的繁荣促进了各地演出建筑的发
展。对外来建筑样式也兼收包容，各民族传统建筑都
得到自由发展，建筑文化相互交流，相互吸取有益因
素，建筑新貌多有变化。

元代建筑发展主要经历三个阶段，即蒙古诸汗
时期的早期都城和林、忽必烈时期的上都、元中晚
期的大都。

（一）城市与都城

忽必烈 1264 年改燕京为中都，1267 年筑中都新
城，1272 年更名为大都。大都是元代城市建设和建
筑成就的典型代表，规模宏伟、规划严整、设施完善，
表现了强大帝国首都的气势和风貌。

元朝对大都的建设，在布局形制上多汲取传统都
城规划的理念，但许多礼仪活动多按蒙古族礼仪进行，
对天地神祇的态度和祭祀方式均有所区别。其对宗教
的热情远超礼制建筑，尤其大力提倡藏传佛教。此时
西藏形成了政教合一的体制，藏传佛教因此得以在川
西、滇北、青海、甘肃的藏族地区和蒙古地区传播。

佛教建筑在都城和各地得到兴建。都城的大佛寺规模很大，并逐渐形成每位皇帝的专有寺，并在各地兴造佛寺，耗费巨大，远超其他宗教，形成广泛的影响。

独特的社会机制使元代形成不同于其他朝代的建筑特色，主要为：汉传统与蒙古习俗结合的皇家建筑；佛教建筑的繁荣和藏传佛教建筑的传播；不同地区间建筑技艺交流频繁和域外建筑文化输入；地方建筑衰落。

1. 元大都

元大都的城市街道格局，形成了后来北京城市的基本布局。元大都城址位于今北京市市区，从北面的土城遗址开始，南面直达长安街，东西大约相当于今天二环路包括的范围。

1264 年八月，忽必烈决定把燕京（今北京市）作为中都，并在 1267 年决定迁都到中都，上都改作陪都，1272 年又把中都改称大都。忽必烈迁都中都后，从至元四年开始进行新宫殿和都城的兴建工作。忽必烈任命刘秉忠为都城建设的总负责人，并命也黑迭儿（阿拉伯人）负责新宫殿的设计。郭守敬担任都水监，对元大都至通州的运河进行疏浚整修，同时汇集京郊西北各处的泉水，用作通惠河的上游水源。

至元二十二年（1285 年）时，大都的大内宫殿、宫城城墙、太液池西岸的太子府（隆福宫）、中书省、枢密院、御史台等官署，以及都城城墙、金水河、太庙、钟鼓楼、大护国仁王寺、大圣寿万安寺等重要建筑陆续竣工。[1] 至元二十二年，宫廷及城市相关建筑

❶潘谷西：中国古代建筑史 第四卷，中国建筑工业出版社，2009，第20页。

完工后，发布了令旧城（金中都故城）居民迁入新都的诏书："诏旧城居民之迁京城者，以资高及居职者为先，仍定制以地八亩为一分，其或地过八亩及力不能作室者，皆不得冒据，听民作室。"^① 通过迁移居民，实现城市重心的转移。从至元二十二年起大约十年时间，共有近五十万居民从故城金中都迁入新建的大都。同时，祭祀所用的社稷坛、宫内各处附属的便殿也逐次开展建设，还疏浚了通惠河河道，建设了新的漕粮仓库。一系列的建设完工后，元大都的营建工作基本完成。此后，元代后续的帝王又陆续添建了国子学、孔庙、郊祭坛庙和佛寺等，但大都的总体格局并未作大的改动，保留初始规划的基本格局。

元大都分为外城、皇城、宫城。外城东西宽6635 米，南北长 7400 米，设 11 个城门。城内街道泾渭分明，布局规整，类似中原汉地都城形态。在都城的具体布局上，也有蒙古族文化和习俗的影响，如在大都北部，留有仿草原形态的区域，供帝王及皇家子弟练习骑射。皇城在都城的中部偏南处，南宫墙正中为棂星门，今北京午门附近。宫城的正门是崇天门，门内又有一门为大明门，里面是大明殿，是元代皇帝登基之处，也是寿庆会朝的地方。殿内装饰华丽，色彩绚丽，文石铺地，丹楹饰金，布满蟠龙雕刻，内部彩绘藻井，中间设皇帝云龙御榻，殿前设有七宝灯漏、储水运转机械等。

大内以轴线上的大明殿和延春阁为主体，辅以玉德殿、库藏以及附属的仪鸾局、百官集会场所、留守司、鹰房、羊圈等，许多配置按照蒙古人习俗设置。

① （明）宋濂等：元史，中华书局，1976，第274页。

蒙古人信仰佛教，玉德殿为奉佛之用。皇宫室内装饰装修也富民族特色，并置大酒瓮，供日常和宴会饮用。

元代大都的苑囿在宫城的西部和北部，分别是宫城以北的苑囿、西面的太液池和隆福宫西侧的西前苑。蒙古灭金后以万宁宫旧址为中心建大都，苑囿也在金代基础上改建发展。太液池是大都苑囿的主要水体，当中有琼华岛、犀山台、圆坻，是对神山海岛传统神话的模拟。琼华岛上以玲珑的石山造型为主，据称此石料来自宋汴京的艮岳苑囿，并更名万岁山（即宋艮岳名称）。岛东南两面以石桥连接池岸，山顶金代的广寒殿在元入驻后改为道观，被毁后于至元元年重建，修造华丽超过前代。殿南有三殿，东西有四亭，表达统治者追求琼楼玉宇的心境。岛四周环水，可泛舟水上，观月宴饮，景色宜人。从殿外露台可凭栏四眺，旁有金碧辉煌的宫殿，远处有西山云气佳景，远近城阙林翠相映，眼下碧波荡漾，境界虚实相生，令人心旷神怡，犹如神虚仙界，整体造景水平极高。岛上遍种花木，凿井汲水至山顶流下，溪流小瀑，营造灵动之气。并建有温泉浴室，通九室，室明透空灵，香雾萦绕，体现元代匠人的精湛技术与巧思。元代帝王常在万岁山赐宴大臣，或泛龙舟于太液池，因此琼华岛和太液池宴游活动较频繁。

太液池附近及临水有西前苑、御苑，其宫殿为皇后、宫妃、皇子等皇室居住，宫殿均有内苑，置水石花木亭阁，为皇室成员游玩休憩之所。

金、元都是北方游牧民族政权，统治阶层有避暑

消夏的习俗，多建离宫别馆，其营造多袭用汉族模式。元代由于战争破坏，都城之外私家园林稀少，一般在大都中有富豪官宦建有部分私园，多延续宋代园林的趣味。园林选址多在大都近郊，借自然山水造景，规模较大。有记载的大都私园大约有十三处。

2. 地方城邑

元代的商业发达，形成了繁荣的城市经济，从内地到边疆都有许多新的工商业城市。元统一的格局下，行政区划形成各级路、府、州、县，行政机构治所分布广泛，加上水陆交通的畅通，各地手工业的发展，带动大批城镇出现，尤其是大运河和海运的繁荣，大量沿运河、港口和沿边商贸城市兴盛繁荣。运河沿线城市有济宁、德州、临清等；边远城市如内蒙古集宁路城址、大宁路遗址、丰州遗址、应昌路遗址等。

元代村落布局与样式多在绘画作品中有体现，实物如今难以看见。绘画作品有钱选《山居图》、黄公望《富春山居图》、王蒙《林泉清集图》、赵孟頫《鹊华秋色图》等。

●赵孟頫　鹊华秋色图　局部

（二）坛庙与宗教建筑

元人的信仰和习俗不同，其祭祀活动仪式较为简单，"五礼"按蒙古人旧俗举行。最初对坛庙建造不重视，后忽必烈推行"汉化"，为巩固统治，开始尊孔抚儒，建筑各种坛庙，但并不完备，祭祀也简单，少有皇帝亲祭。皇室和贵族对成佛成仙的追求超过对礼制神灵的尊崇。

1. 礼制建筑

元代祭祖场所是太庙、影堂、烧饭院。元朝皇室祭祖除宗庙外，大都的一些佛寺建有保存历朝帝后仪容的"神御殿"，以供祭祖。元代仍然重视岳、镇、海、渎的祭祀，但留存至今的实物较少。五岳道教兴旺，除祭祀岳庙外还有道教建筑系统，庙内一般有道观。今见元代留存祠庙有河北曲阳北岳庙德宁之殿、北海神庙山门临渊门及龙亭、洪洞水神庙明应王殿等。元代道教接受统治者的要求后得到发展，势力大，对各级城隍庙拥有管理权、控制权，城隍庙多归属道教宫观。元代重建、修葺的城隍庙多，但遗留至今的比较少，如山西潞安府城隍庙、芮城城隍庙等。

元代建有各种孔庙，如文宣王庙、夫子庙、宣圣庙、至圣文宣王庙等，都是孔庙。现在曲阜孔庙承圣门、启圣门，曲阜颜庙杞国公殿及其后寝殿均为元代遗物。杞国公殿被梁思成先生赞为元代卓越的宫殿式木构。此外还有山东宁阳颜庙复圣殿、正定府文庙戟门。此外，目前还遗存有部分元代民间祠庙，主要是民间信仰的圣人庙、祠堂等，如太原窦大夫祠献殿、大殿，梓潼七曲山大庙盘陀殿等。

2. 宗教建筑

（1）佛教禅院建筑

元代的佛教建筑，除了帝王和皇室成员建的藏传佛教寺庙外，以禅宗为主体。禅宗自从南宋创立"五山十刹"[1]的体制后，形成了以临安为中心的庞大严密的禅院组织体系，并依靠这种组织形式延伸发展。元代承继这种禅林的基本格局。元至顺元年元文宗于金陵创建大龙翔集庆寺，列为五山之上，成为最高寺格。元代禅宗"五山十刹"的伽蓝建筑至今多数不存，但可从南宋末年"五山十刹"绘卷中看到参考样貌。禅宗的发展得益于其清规的完善和执行力度，此规范源自唐百丈怀海所著《百丈清规》，对禅寺僧人从日常生活准则到禅寺各职事的职责等都有详尽规定，乃至禅寺建筑形制也受其规制约束。禅林的纲纪也对其他佛教宗派产生深刻影响。元代佛教伽蓝建筑布局，南方以从南宋持续到元的江南大禅院为代表，形制成熟稳定。南方的遗存有浙江武义桃溪延福寺大殿、金华天宁寺正殿、上海真如寺大殿等；北方现存有山西洪洞广胜上下寺、河北保定定兴县慈云阁、四川阆中五龙庙和永安寺、眉山报恩寺大殿、峨眉飞来殿等。元代佛塔有河北赵县西林寺塔、北京砖塔胡同砖塔、普陀山多宝塔等。

（2）藏传佛教建筑

从十一世纪到十三世纪，西藏形成众多佛教教派，各占一方同地方封建势力结合发展。1244 年萨迦派住持与蒙古王室建立联系，派八思巴到蒙古。忽必烈即帝位后，八思巴任国师。至元元年（1264

[1] 五山十刹，始于南宋嘉定时期，由南宋时规模最大和最具名望的禅宗五大寺和十座大寺组成。

年），忽必烈争帝位获胜，决定迁都，并设总制院（宣政院）管理佛教事务和吐蕃地区行政事务，八思巴以国师领总制院院事，后因创蒙古新字被尊为法王，死后号帝师。其后，由八思巴所在昆氏家族人员出任帝师。由于元政府的支持，萨迦派取得西藏地方领导权，使宗教和政治、上层僧侣和世俗贵族紧密联系，开创西藏"政教合一"制度，极大促进藏传佛教及其建筑的发展。随着元朝衰落，萨迦派势力也逐渐为新兴势力取代。此后，噶举派朗氏家族取得地方政权，宗喀巴实行宗教改革创立格鲁派 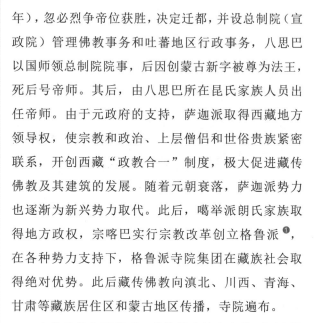，在各种势力支持下，格鲁派寺院集团在藏族社会取得绝对优势。此后藏传佛教向滇北、川西、青海、甘肃等藏族居住区和蒙古地区传播，寺院遍布。

　　自佛教传入西藏后，其佛教建筑在多种不同建筑文化的影响下发展，以藏族建筑文化为主，并受到印度建筑文化、中原汉族建筑文化的影响，呈现出独特特征。元以前，多受印度建筑文化影响，元以后，主要受汉族建筑文化影响。这是因为元设立了宣慰使司都元帅府，并派宣慰使常驻西藏，在政治经济文化上形成了主导性的影响。

　　1268 年，萨迦地方政权受八思巴嘱托，在重曲河南岸创建萨迦南寺，与北寺相对。北寺是随山坡修筑的自由布局。由于"政教合一"，萨迦南寺既是寺院，又是萨迦政权的中心，出于安全保卫需要，修筑成城堡式格局。

　　日喀则夏鲁寺以汉式殿宇闻名，是西藏现存建筑中受汉式建筑影响最早的例子。夏鲁派与萨迦派结姻

❶ 格鲁派，是藏传佛教宗派之一。该派僧人戴黄色僧帽，俗称"黄教"。创教人是宗喀巴。它是藏传佛教中最后出现的教派，逐步占据了藏传佛教的主导地位。

亲，又受元朝皇帝册封，夏鲁寺几经扩建，规模仅次于萨迦寺。

宗喀巴创格鲁派以后，倡导遵守佛教戒律，制定僧人生活准则和寺院组织体系，使西藏佛教及佛教建筑得到重要发展。十五世纪初开始，先后分别创建甘丹、哲蚌、色拉、扎什伦布四大寺院，甘丹寺为格鲁派祖庭。四大寺各有自己的寺院经济和组织机构，除佛寺外，也有众多的附属建筑群，如灵塔殿、佛塔、喇嘛住宅、印经处、辩经场等。四大寺位居城郊，僧俗分离，寺院往往建在僻静之处。

元代，藏传佛教建筑的木构梁柱做法逐渐统一，形成定制，基本构件为柱、梁、椽，梁柱节点的简繁程度根据建筑等级来确定。寺院主体建筑木构件皆施以彩画，有些还与木雕结合，图案有佛像、动物、卷草、藏文或梵文咒语等，梁柱节点既是结构关键点，也是装饰的重点，结构和装饰有机统一形成和谐的整体。

藏传佛教由于受到元统治者的扶持和提倡，传播到西藏以外的地区，其建筑风格也在元大都以及其他多地产生影响，主要表现在总体布局、主体建筑形制、建筑装饰细节等方面，根据其影响的大小，可以分为藏式、汉式、汉藏式。留存的有青海西宁塔尔寺、青海乐都瞿昙寺、内蒙古庆缘寺等。藏传佛教佛塔分为白塔、金刚宝座塔❶、过街塔三类。白塔一般用于埋葬佛和高僧的舍利，供礼拜。白塔一般砖石砌筑，外涂白垩，形成白色基调。至元八年（1271 年），尼泊尔人阿尼哥随帝师八思巴赴京，建"大圣寿万安

❶ 金刚宝座塔是佛教密宗的一种佛塔建筑形式。其样式为方形的巨大塔座加上部的五座塔构成。

寺"，即现在北京妙应寺白塔。过街塔有北京居庸关云台，江苏镇江云台山过街塔等。

（3）道教建筑

元朝对道教采取支持态度。成吉思汗召道教全真派掌门丘处机，授予其总领道教大权，准许其自由建造宫观、广收门徒。另一道教派别正一教也受元重视，还有一些其他较小道派也得到一定扶持。

元明时期道教宫观建筑的基本形式多采用传统的庭院式、木架构，也有由佛寺改造成的。宫观主殿，一般需供奉三清神像，即玉清元始天尊、上清灵宝天尊、太清道德天尊（亦称太上老君）。道教神祇庞杂，神殿名目繁多。次殿和配殿则供奉四圣元辰或祖师等众多神像。

元时道教建筑有山西芮城永乐宫，是现存最早的道教宫观，也是保存最完整的元代建筑。其于1247年动工，至中统三年（1262年）基本建成，并在其北九峰山上吕洞宾得道处修建纯阳上宫，成为全真派三大祖庭之一。之后于至元三十一年（1294年）建成宫门无极门。各殿壁画持续进行绘制，到至正十八年（1358年）完成。整个建造过程历时超百年，几乎历经整个元代。此道教宫观原来在山西的永乐镇，后由于建三门峡水库，1959年迁移至山西芮城。现存永乐宫自南至北分别为山门、无极门、三清殿、纯阳殿、重阳殿。三清殿是永乐宫的主要建筑，殿内四壁及神龛内绘满了壁画，其中《朝元图》❶尤其精湛，线条流畅、构图饱满，体现了我国古代壁画的高超水平。

❶《朝元图》是元代马君祥及其子马七等人创作的一幅壁画。画在三清殿中，描绘了诸神朝拜元始天尊的故事。

（4）其他宗教建筑

伊斯兰教唐时传入我国，元以前伊斯兰教并不是主流宗教，其建筑较少，虽然史书多有记载，但遗存稀少。由于元的宗教宽容政策及统治区域的广阔，东西方交流发达，海陆通道畅通，大批阿拉伯、波斯、中亚人进入中国，吸收汉、蒙古、维吾尔等民族成分，逐渐形成回族。回族聚居地区伊斯兰教建筑开始兴盛。礼拜寺、玛札、经学院是伊斯兰教建筑的主要类型。另在一些沿海港口城市，由于商业交流中大批外域穆斯林进入港口城市，如泉州、上海、广州、杭州、庆元（宁波）、温州、澉浦等，逐渐修建起较多的清真寺。泉州据记载就至少有六座清真寺。目前存有的清真寺如泉州艾苏哈卜寺、杭州真教寺、松江清真寺、河北定州清真寺后窑殿等，其部分建筑为元代遗存。

第五章

中国古代建筑
的高峰

第一节 明代建筑

　　明朝是我国历史上又一个统一强大的朝代，其中洪武、永乐年间国势强盛，幅员广阔，比肩汉唐。明后期，社会经济的发展开始孕育资本主义的雏形。

　　明初期强化君主集权制度，权力集中于皇帝一人，在有雄才大略的帝王统治时期有利于推动国家统一和发展经济，明中期后，昏庸的帝王主政，使政治混乱，扰乱了国家发展。明初奖励垦荒，大力推行屯田制度❶，大规模兴修水利，促进了农业生产的恢复和发展。永乐年间，再次凿通淤塞多年的大运河，使南北经济文化交流更频繁。社会的稳定和经济的恢复，使纺织、造船、制瓷等手工业和制造业迅速发展，除了南京、北京，运河沿线、长江沿线、沿海港口等多地城市形成，成为繁荣的工商业都市。明初对边疆地区实施了有效的管理，东北、西南少数民族地区都得到统一管理，边疆边防的稳定，促进了社会生产和生活的发展。

　　明中期以后，商品经济飞速发展，商业城市遍布

❶ 屯田制是汉以后的历代政府为取得军队给养或税粮，利用士兵和无地的农民垦种荒地的制度。明代的屯田分军屯、民屯和商屯三种。

全国，江南的工商业城镇尤其发达，部分行业出现资本主义生产关系。明中后期政治腐败，国力日益衰落，但后期专制管制的削弱，使社会思想转向活跃，文学艺术、科学技术出现新的发展势头。宗教上儒道佛三教合流，佛教、道教趋向世俗化发展。藏族地区佛教各派仍然得到中央政府支持，通过封号，使中央政权与地方关系保持紧密联系。

一、都城与宫殿

（一）南京宫殿

建筑上，明初都城（南京、中都、北京）的建设推动了我国建筑的新发展。洪武八年，下令改建南京宫殿，后陆续建成一批坛庙、城隍庙、钟鼓楼，以及系列庙宇，各城门体系，一代帝都的宫阙、坛庙制度至此完备。又陆续迁入江浙富民，汇集全国工匠，加上皇室、官员、商人及驻军，南京逐渐成为超百万人口的大城市。另在各地建相应的藩王府。整体明初建筑风格较为质朴，注重实用。

南京宫殿布局在选址上顺其自然，背倚钟山的龙头富贵山，作为镇山，填湖造宫。一方面六朝旧都不符合新王朝要求，旧城居民密集并多功臣府邸，不宜大量拆迁；另一方面由于金陵本地丘陵为主，因地就势、依山建筑能创造出宏伟效果，并利用自然水系相互连通，取得人工和自然相互辉映的效果。宫殿形制主张恢复汉族文化传统，遵循礼制，如采用"三朝五门"。宫殿遵从南北中轴线并与全城轴线重合的模式成为明清两代宫殿与城市的基本

格局。明代南京宫殿是尊崇封建集权统治和严格礼制秩序的典范，也是结合自然，顺应地势布置城市、宫殿的杰出例子。

（二）北京宫殿

永乐迁都北京，明开始了第二次兴建都城的高潮。永乐十四年决定迁都北京，在元大内基础上建造北京宫室，"规制悉如南京"[1]（《明太宗实录》），"而宏阔过之"[2]（《春明梦余录》），其规模基本上即今天所见北京故宫的布局规模。其他如宗庙、社稷、郊坛、钟鼓楼也参照南京，依次修建。宫城外建王府等，又在宫城之前设置五府六部，扩大了北京南部城垣。北京都城的主要部分都在四年内完工，表明了我国古代建筑成熟的规划设计和施工组织的灵活快捷。此外，另有南京报恩寺塔和武当山道教宫观等宗教建筑的建设。北京宫殿、南京大报恩寺塔以及太和山道宫，是永乐三大建筑丰碑，布局精当、气魄宏伟、技术完美，不仅是明代建筑的范例，也是集古代建筑的大成，体现了中国古代建筑的成熟和辉煌。

二、坛庙与祠庙

坛庙历来为我国古代王朝所重视。祭坛与祠庙是祭祀神灵的场所，有台无屋的是"坛"，设屋祭祀的是庙。以坛庙祭祀天地神灵起源于原始社会，后脱离宗教信仰范畴成为具有显著政治作用的设施，帝王与统治者赋予其君权神授、宗法秩序、伦理道德等用以巩固政权的精神内容，使之神圣化、礼制化。

[1] 汪晓茜：南京历代经典建筑，南京出版社，2018，第15页。

[2] 刘咸炘：推十书：增补全本．乙辑，上海科学技术文献出版社，2009，第437页。

（一）坛庙

明初朱元璋制定了一系列的礼制礼仪，坛庙建筑也备受重视并得到极大发展。修建都城时，太庙等坛庙建设与宫殿、城池同等重要。在《明史·礼志》中记录入祀典的坛庙有数十种。洪武十年，在圜丘旧址上改建"大祀殿"，天地合祭。明成祖迁都北京后，仿南京规制在南郊建大祀殿，此后均在此合祀天地。嘉靖九年，于大祀殿南建圜丘（天坛），恢复露天祭祀，后又在北郊建地坛，实行天地分祭。同时，在东郊建朝日坛（简称日坛）、西郊建夕月坛（简称月坛），成为定制，到清代也一直未变。大祀殿后又拆除改建为明堂性质的殿堂，在此祈谷，称为泰享殿。

现天坛地面建筑多为清代所建，但其布局为嘉靖改制所定，其中祈年门和斋宫为明代原物。天坛是圜丘与泰享殿的总称，由内外两重坛墙环绕，分内坛和外坛，围墙平面呈现南方北圆，象征天圆地方。天坛的建筑为四组：南北轴线上，南面是祭天的圜丘坛和皇穹宇；北有祈祷丰年的泰享殿；内坛西南侧是皇帝祭祀前斋宿的斋宫；外墙西门内建有饲养祭祀用牲畜的牺牲所和舞乐人员居住的神乐署。在主体的建筑尺度上，如坛面的直径、台高等，均用九、五作为基数或尾数，以帝王的九五之尊表示对天地的崇敬。泰享殿三重檐攒尖圆顶的上檐用青色琉璃瓦，中层用黄色，下檐用绿色（清乾隆十六年全改为青色），象征天、地、万物。皇帝于每年冬至日举行祭天仪式。总体布局上，圜丘坛和泰享殿作为天坛建筑的主体通过四百

余米的甬道相连，在南低北高的轴线上，圜丘在南，扁平伸展，泰享殿在北，重檐攒尖顶，高耸向上，圆形的造型和谐统一，周围及甬道两侧茂密的柏树林苍翠宁静，烘托出一种端庄肃穆的祭祀气氛，优秀的建筑与静穆典雅的环境融为一体，成为我国建筑史上的璀璨明珠。

●天坛

　　此外还有地坛、日月坛、星辰坛、太岁坛、风云雷电坛、先农坛、先蚕坛等不同用途的坛庙，分时祭祀。都城还建有城隍庙，作为对城市的保护神的祭祀场所。

　　对名山大川的祭祀制度，传承于周，明代除了皇帝亲自封号祭祀外，按时遣官致祭，对岳镇海渎（即五岳、五镇、四海、四渎）的管理有皇帝敕令详细规定，使庙制臻于完善，并加以保护和维修。

（二）其他祠庙：曲阜孔庙与各地文庙、圣贤祠庙、民间祠堂

我国祭祀圣贤的祠庙类型多，分布广。有祭祀早期创造华夏文明的三皇庙，也有祭祀文化先贤的孔庙，还有祭祀忠臣烈士的关帝庙、岳庙，祭祀忠孝节悌的贞孝祠，祭祀行业祖师的鲁班祠、药王祠❶等。孔庙即文庙。以孔庙为代表的圣贤祠庙与祭天地日月的坛庙和祭祖的太庙不同，除孔庙、关庙由于地位特殊多为官方建造，其他多由地方、民间设立，属于民间信仰，有广泛的民间性和教化性。

1. 孔庙

由于儒学长期以来被视为中国文化的正统，因此孔庙地位特殊，自汉"独尊儒术"后，孔子受统治者尊重，尊孔活动不断升级，促使各地孔庙发展。明代尊孔达到顶峰，全国各级府州有三级孔庙，总数超一千五百所，甚至各地还设孔子弟子祠。明时期孔庙属于国家祀典内容，各地均按礼制在规定之日期派官员行奠礼。这些孔庙多和当地官学为一体，庙依附于学。曲阜孔庙是由当地孔子住宅发展而来，是中国古建筑群中历史最悠久的。自孔子死后次年利用孔子旧宅立庙祭祀。后虽多次毁于战火兵乱等，但都很快得到重建，规模日益扩大，外观日益宏伟壮观。明代极力尊孔，多次下诏修缮曲阜孔庙。明成化十九年进行

❶ 药王祠是历代人们为纪念"药王"孙思邈，进行祭祀活动的中心。整个建筑由药王大殿、圣母殿、洗药池等主要景点组成。孙思邈一生以治病救人为己任，医德高尚、医术超群，为中国的医药学做出巨大贡献。

大规模维修，弘治十二年毁于雷击火灾后又一次大规
模修造，形成最终的宏大规模，是孔庙的最盛时期。
后世仅仅做局部维修改建。庙内主体建筑大成门、大
成殿、寝殿为清雍正时期重建，但总体布局未变，其
余殿及门、各坊为明代原物。由于孔庙因宅立庙，采
用帝王宗庙的宫室制，门隅作象征，以五重门（圣时
门、弘道门、大中门、同文门、大成门）体现天子五
门制度。

　　曲阜孔庙总体布局通过系列建筑群组成的环境
序列来展现对孔子功绩和博大儒学的尊崇，充分体现
了明代大型建筑群的空间处理和技术水平，主要通过
庭院组织安排来实现空间的有序布局，依次是：①前
庭三院。圣时门前院以牌坊为主体，有三座石牌坊和
一座石棂星门，有榜额题字及精美刻石浮雕云龙图案。
另有弘道门前院、大中门前院。②奎文阁前院。③大
成门前院。④正殿殿庭。⑤殿庭左、右、后三面庭院。

　　目前其他圣贤庙遗存除曲阜颜庙、常熟言子庙、
四川七曲山文昌宫外，还有苏州府文庙、云南建水文
庙等。苏州府文庙是明代地方孔庙代表，位于明代发
达经济区中心苏州府。此文庙建于唐代，历代有改扩
建，明代增建较多。建水文庙位于明代经营南疆的战
略要地云南建水，始建于元代（1325 年），明洪武
时期扩建成较大规模，其后宣德、嘉靖、万历等年间
均有增修完善，建设规模宏大。

　　2. 民间祠堂

　　除帝王祭祀祖先的太庙外，明代更广泛地建设官
制家庙和民间祠堂，作为安奉祖先的地方。太庙具有

国家、皇室统治的象征意义，祠堂则是敬祖、联系家族姻亲、伦理教化，以及维护宗法社会秩序的重要场所。

祠堂随着宗族组织在基层社会的繁荣逐渐普及，尤其在闽赣皖地区风行。朱熹对《家礼》修订完善后，完备了祠堂制度，祭祖从此逐渐在民间盛行，祠堂的功能也不断社会化，不仅是祭祖之地，也是全族宴饮、正俗与教化的场所，还是排解纠纷、执行家法族规的公地。在传统的祖先崇拜观念、宗法伦理观念、风水观念影响下，人们在村落营建的过程中，都把祠堂建筑放在十分重要的位置。祠堂形制一般分几种：①以朱熹《家礼》为蓝本建造；②从祖先故居演变来；③独立于住宅之外的大型祠堂；④祭祖于家的家堂与香火屋。现存安徽潜口金紫祠为独立大型祠堂的典型。祠堂位于村首，祠前建牌楼，面对平坦的小平原，祠前左远方有明代风水塔一座，祠堂轴线上依次为牌楼、水池石桥、栅门、头门、碑亭、二门、享堂、寝堂。

三、地方城邑

我国在长期中央集权统一治理下，在各地形成府、县两级的地方行政机构，府、县机构驻地所在的城镇，成为该地的政治中心，也是军事、经济、文化中心。明代地区中心城市一般在唐宋基础上发展而来，总数变化不大，随之由于人口流动等变化，各地城市规模和分布也相应变化，表现在北方黄河流域由于宋、金、元之间长期战争，人口锐减，城市逐渐萧条，南方江南地区府、县人口迅速恢复，

长江中下游地区人口占比仍然超过全国 50%，约三千万。永乐迁都北京后，政治中心北移，军事活动也主要在北方，促进了人口北流和北方城市的发展，但总体人口与经济南重北轻的局面没有得到根本扭转。宋元以来，尤其到明代，江南地区人口高度集中和经济的快速发展加速了城市化进程，大量新城镇出现。这些地区城镇分布的格局奠定了至近代的基本城镇格局。其他各地区府、县扩建、改建也频繁，数量众多，一些地方因居民不断增加而扩建，或出于防卫需要缩减城区、增筑城墙，或由于水灾等灾害迁移城址，建造活动遍及不同地区。

（一）地方行政中心

各地府、县行政机构驻地，一般在地方中心城市。府治、县治是地区行政首脑机关所在地，建筑包括知府、知县理政的大堂、幕厅和官邸，以及僚属的住宅、谯楼（报时更楼）、监狱、仓库、土地祠等，形成全城的中心建筑群。府治与县治格局基本相同，但规模和房屋多少不同。另外，相关的地方行政机构部门有察院、税课司、巡检司、仓储等，也有相应的建筑作办公用。如果布政司在相关省城，则有一套相关机构，包括布政司（行政）、按察司（监察）、都指挥司（军事）及其下属机构的衙署。

在府、县治所所在地，其他重要机构还有负责防卫的都司、卫、所等军事机构，并有相关军事衙署。此外，也设有地区的礼制祭祀场所，包括城隍庙、八蜡庙（祀农事神）、山川坛（祀山川和风云雷雨）、

社稷坛（祀五土五谷神）、厉坛（祀其他游神杂鬼）。同时，也根据经济发展状况设置文化教育（府、县官学，书院私学）、宗教、抚恤、医药等民生事务管理机构。

以府、县治所为中心，附属各种管理衙署机构围绕附近，周围逐渐形成商市、居民区，每个城市的具体布局多因地制宜，并随经济社会发展逐渐形成，不同地区虽具体布局有差异，但行政机构、文化机构、祀典设施大致类同，形成一级政权实体。府、县地方政府所在地逐渐形成一个城市，相关基础设施也逐渐完善，以发挥城市功能，包括城防工程、防洪工程、交通和邮驿设施等。由于古代社会的阶级矛盾和外族袭扰等问题，在城市所在地，城防工程始终是头等重要的基础设施，关系全城居民的安危和中央政府的有效统治。明代由于北方边患、沿海倭寇侵扰，加上内部矛盾的发展，在府、县普遍修筑城墙围护城市，并且多数都对城墙砌砖进行保护，提高防卫能力。因此，明代成为我国一个显著的筑城高峰时期，而制砖技术和生产能力的提高提供了物质保障。

明代县城一般周长从一里多到十多里不等，多数在 4 ～ 6 里之间，城墙高一丈到三丈，四面留城门，四角处设角楼。府城规模大，周长约九里，也有达二十余里的，城门相应增加，东南西北为主门，其他为小门，显示传统的坐北朝南的观念。城门作为守卫重点，一般在门上建造雄伟的门楼，门外再筑一道瓮城，作为城门屏障。府、县城市的布局逐渐形成方城为主，也有在此基础上为适应当地地形等因素做出适当变形，或成为不规则多边形，甚至有近圆形的城市外廓，还有双城、重城、联城、关城等。

在江河沿岸和一些山区，城市防洪极其重要，关系城镇安危，城市修筑时也会考虑防洪设施建设。一般城市选址时多会注意选择既有充足水源，又能通畅排洪的位置。同时，会筑防护堤坝，除利用城墙本身防洪外，有的还在城外加筑环城护堤，形成双重抗洪屏障，如江西丰城、河南开封兰阳县。沿河筑堤抵御洪水、建闸门利于通航、开渠疏浚等是各府、县普遍采取的措施。

城市内部交通在较小的府、县并不复杂，布局通常以通四城门的道路为主干，再连接次要街巷。水乡城市由于河道网络和陆地道路系统相辅畅通，水运以通向四面水城门的主要河道为主，联络各个地段。跨越水面的桥梁在城内和城郊都普遍采用砖石砌筑，牢固耐用。福建、江西等地多采用木构廊桥。此外，对外交通对城市发展有巨大影响。府、县对外交通的官方设施是驿站和递运所。驿站由地方政府管理，主要接待官员。递运所由兵部管理，负责运送军粮等军用物资。二者共同形成两套全国性交通运输网络。

平遥城

平遥古城建于十四世纪，迄今为止，它还基本完好地保留着明、清时期县城的基本风貌，是现今保存完整的汉民族城市的杰出范例。其城镇布局集中反映了五个多世纪以来中国建筑的典型风格和城市规划的理念。尤其引人注目的是，在十九至二十世纪初期，平遥是整个中国金融业的中心，与银行业有关的建筑格外雄伟华丽。1997 年 12 月平遥古城被作为文化遗产列入《世界遗产名录》。

●平遥古城

　　平遥旧称"古陶"，自秦朝实行郡县制以来，一直是县治所在地。明朝初年，为防御北方外族的南下袭扰，开始建筑城墙。洪武三年，在旧墙垣基础上重筑扩修，并全面包砖。以后景泰、嘉靖、万历等各代进行过多次修葺和补建，不断改建城楼，并增设了敌台等。康熙四十三年西巡路过这里，当地又重新修筑了四面城门上的大城楼，使整个城池显得更加雄伟。平遥城面积约两平方公里，城墙总周长超过6 000米，墙高约12米。现在城墙内的街道、店面、庙宇、钱庄、衙署等建筑基本保留明清时代的样貌和形制，为典型的传统木结构为主的商业（主要是钱庄、镖局等）和居住结合的建筑。古城内交通由纵横交错的四大街、八小街和次一级的街巷构成。整座城市布局呈方形，街道横竖交叉，街巷排列有致。平遥古城南门附近城墙于 2004 年倒塌，除此以外的其余大部分都至今完好，有六座城门及其瓮城、角楼，另建有七十二座敌楼分布在不同地段。城内还有镇国寺、双林寺和平遥文庙等祠庙建筑，作为城市功能建筑的重要组成部分。平遥古城在当时属于有特色的商业繁荣城市，是目前中国存留完整的古代县域城市典型。

（二）地区经济中心

运河城市。元代利用以前旧运河，开凿了山东临清到东平的新运河会通河，东平到济宁的济州河，又开通了大都到通州的通惠河，把运河改成直线，缩短了北方京都到江南富庶地区的距离，把国家的经济中心与政治中心连接在一起。新运河的开通，为南北交通和物资交流提供了便利，同时，在一些地方形成货物等的集散中心，产生新兴的城市。如临清在运河通航后从北方的小村镇发展成为北方重要的水运河港。明初统一全国后，大力疏浚、拓宽加深运河，对大运河全线约 1 800 公里航道进行了整治，河道和航运设施建设完善，运河成为南北水上运输大动脉。部分地方修建闸门提高水位便利航行，在过闸处设置行政机构管理河道、闸坝、堤防、漕运等事务，还修筑大量粮仓，部分地方成为人口稠密的集镇，如清江浦、夏镇。一些运河沿途地方城市也因此得到发展，如临清、德州、徐州、淮安等地。由于在运河上特殊的地理位置和国家漕运政策的影响，一些地方作为仓储要地形成重要的运输

枢纽城市，如临清，此地河渠汇集，境内汶水、卫水交汇，形成地方交易的中心，各种市场汇集周围沿岸，沟通周围地区贸易。由于水陆交通四通八达，城内大小道路交错纵横，形成漕运、市场、生活便利的交通网络，临清成为商品物资的集散中心和转运枢纽。整个城市布局既有行政和文化建筑，又有商业和军事建筑，还有便利的生活设施。临清整体上随运河逐渐发展起来，布局规划是逐渐增加，自然形成的，并根据自然条件逐渐形成不同的市场分区，无总体的预先规划。城池建设也是渐进发展，为适应环境形成形状不规则的外廓。元代对外贸易促进了沿海港口城市的繁荣，但明代由于政治限制，沿海港口不再有元代的繁荣。

四、军事重镇与关城、城堡

明代兵制设立都司、卫、所，直至郡县。都、卫、所的任务是对外防止侵略，巩固边防，对内镇压反抗，维护统治政权。都司所在地的重镇和卫所所在地的城堡，在明代应对边防危机和压制内乱中发挥了重大作用。

（一）北边防御城市与长城

明代元后，由于统治并不能完全控制北方边远深处草原，北方边境始终有敌患，时有袭扰，整个明代一直非常注意北方防御。为了对付北方的威胁，整个明代都在不断修筑长城，在一百多年里，修筑了东起辽宁虎山，西至嘉峪关，长度超过一万里的

长城。自秦汉以来，为抵御北方草原游牧民族的袭扰，修筑长城作为边墙，并使之成为定居农耕和草原游牧的界线。明长城在阴山以南，为加强防御能力，使长城坚固耐久，多以砖石墙体代替以前的土筑墙体。至今仍能在很多地方看到明代砖砌长城逶迤于崇山峻岭之间，雄伟壮观。

●八达岭长城

明代长城依地形往往在自然分界险要处构筑，按距离设置碉堡、烽火台，因地形分别设置关塞和水口。在靠近北京一带，工程修筑尤其紧固，砖石用料考究，目前保存较好。如八达岭一带，修筑比较典型，墙身用条石和特制大型城砖砌筑，内部填充泥土石块。平均高度超过六米，墙基宽约六米五，墙顶宽约五米，可以五马并行。墙顶铺砌巨大砖块，设有女墙和垛口用以瞭望和射击。墙身南侧大约间隔一百米有门洞，有石梯可以登上墙顶。墙上部每隔一段距离建有敌楼墙台可以巡逻放哨。

明代为护卫京城及边疆，在长城沿边设重镇（都司或者行都司驻地），逐渐形成"九边"重镇，分段防守北部边境，镇下设卫所、关堡，形成了一套严整的北方边境防御体系。九边重镇分别是：①辽东镇，镇治在辽东司或广宁（在辽阳）；②蓟镇，镇治在蓟州；③宣府镇，镇治在万全都指挥使司（今河北宣化）；④大同镇，镇治在大同府（今山西大同）；⑤山西镇（也称太原镇），总兵驻偏关（今山西偏关县）；⑥延绥镇（也称榆林镇），镇治在榆林堡（今陕西榆林市）；⑦宁夏镇，镇治在宁夏镇城（今宁夏银川）；⑧固原镇，镇治在固原州（今宁夏原州区）；⑨甘肃镇，镇治在陕西行都指挥使司（今甘肃张掖）❶。镇下设卫所，根据地势沿长城分布，重要地段又设城堡，城墙上筑有敌台、墩台，可以瞭望、报警，驻军防守。这些城堡或位于边塞险要处，或地势平缓无险要处，与卫所、重镇相互呼应联络。

明代在边关险要和咽喉处修筑关城比较多，一

❶ 潘谷西：中国古代建筑史（第4卷）第二版，中国建筑工业出版社，2009，第79页。

般修筑在地势险峻的山口或山水隘口处，形成关塞，以人工设防来加强天险或弥补自然不足。在内边，有拱卫京师内险的"内三关"，即居庸关（北京昌平）、紫荆关（河北易县紫荆岭上）、倒马关（河北唐县）；还有据外险的"外三关"，即雁门关（山西代县）、宁武关（山西宁武县）、偏头关（山西偏关县）。外边，著名的关城则有嘉峪关 ❶ 和山海关。嘉峪关是明代长城西端起点，建在酒泉西边通往新疆的大道上，长城起点从祁连山下几百米和关城相连，地势险要，称为"天下第一雄关"。山海关是明代长城东端要塞，是渤海和燕山之间的咽喉关隘，称为"万里长城第一关"。

❶ 嘉峪关，古代的军事要地，始建于明洪武五年，嘉靖十八年重新增修加固。位于甘肃省嘉峪关市西南，东连酒泉、西接玉门、北靠黑山、南临祁连山。

● 嘉峪关

　　九边与卫所，筑关城、长城，形成完整的体系，护卫京城，保卫中原。而每个具体的建筑，则根据具体需要，根据地理环境与自然条件，因地制宜施工构筑，呈现出多姿多彩的特征。陕西榆林镇、辽宁宁远卫（辽宁兴城）、山海关为现存可见明代关城的典型。

　　山海关

　　山海关是明万里长城著名关隘。长城从居庸关、古北口向东延伸，如巨龙从燕山山脊蜿蜒而下，和山海关城相接，继续逶迤南下，延伸到渤海海滨。戚继光在城南海滨修筑入海石城七丈，名"老龙头"，构成东西之间的屏障，位于山海之间的关城即成为辽宁到燕京之间的通道咽喉之地。

　　山海关作为军事要塞，十分注重本身及周围的防御布局，山海关关城始建于明洪武十四年，是山海关长城的中心，呈不规则梯形，西北和西南转角处呈圆弧形，未设角台。城墙从东南到东北与长城主线走向一致，在转角处建有角台和角楼，用于防御。在东南、西北和西南处建有水门，墙外挖掘有护城河进行护卫。镇东楼南北两侧还建有临闾楼、奎光楼、靖边楼，并在关城南北两里处建有南翼城、北翼城，与关城、长城相接，用于驻军，与东罗城和西罗城构成关城的第一道防卫。在城南八里左右的老龙头入海处，戚继光修建了入海的石城，并在入海的城台上建有澄海楼。在关城东面外部约二里的欢喜岭高地上，明末总兵吴三桂筑有威远城，居高瞭望，与澄海楼互为犄角，互相呼应，形成关城外第二道防卫层次。此外在更远处长城沿线，在高山险峻的山口要冲之处设有南海口关、

南水关、角山关、三道关等关隘，成为第三道防线。最外层是第四道防卫层，在长城线外山峦的制高点上分布诸多烽火台，监视敌情、传递消息，是最外围的防卫层。

　　总体看，山海关整个城池与长城相连，以雄伟的东门"天下第一关"箭楼为中心，辅以靖边楼、牧营楼、威远堂、瓮城、东罗城等长城附属建筑，外围六城环绕，远处险要关隘和烽燧齐备。可见其防卫建筑思想是以长城为主体，关城为核心，重点突出，南北左右两翼相辅，二城卫哨，一线坚壁，结构严谨、层次清晰，是一个防御体系完整的明代城市卫戍体系。

　　山海关关城的城垣周长接近五千米，城墙高十四米，厚七米，其东墙连接长城主线，也是长城的一部分。关城在城墙四面各建有一座城门，分别为镇东门（天下第一关）、迎恩门、望洋门、威远门，四门的城台上建有城楼，门外全部修筑有瓮城。城内主街为纵横十字大街，中心为钟鼓楼，街巷构成方格网状。城内西北为军事和文化管理机构，有守备署、副都督署、儒学、城隍庙等。东门内设有关道署，审核出入关城者。此外，城内遍布庙宇，如土地祠、观音堂、吕祖祠、玉皇庙、三清观、关帝庙等，反映了明代城市祠庙的功能及布局。

　　东门为"天下第一关"，保存最为完整。城门台上有天下第一关城楼，为箭楼格式。城楼建筑，上为歇山重檐顶，顶脊双吻对称，下为砖木结构，四角飞檐上，饰以形态各异的脊兽，造型美观，栩栩如生。山海关城四座城门的外部均有瓮城，现仅存东门瓮城，

周长 318 米，瓮城门向南开，与第一关券门成直角形。瓮城墙上宽度，西为 15 米，东为 9.7 米。现存东罗城位于关城东门外，东侧与东城墙相连，现存城墙为明万历十二年（1584 年）所建。

（二）沿海抗倭城堡

明代倭寇❶侵扰严重，尤其在洪武、嘉靖两朝更为突出。明政府为消除倭患，除采取海禁等措施外，整顿海防，筑城以抵御倭寇进犯。逐渐形成从海南到钦州，北至金州湾的沿海防卫城堡布局，共布置五十三座卫城、一百零三座所城。沿海卫所所设城堡一般在江河口岸，以及进入内陆的水口处。同时，在重要港口建城堡以防御倭寇登陆。另外，则选择在关隘要地筑城堡，截断其出入通道。总体看，抗倭城堡一般较小，大的城周超两千丈的大约百分之十，一千丈的约占百分之四十，其余为千丈以下。卫所的防卫设施都十分齐全，有敌楼、月城、敌台等，有的有水门、门楼，根据防卫需要因地制宜在城外设濠，有的据险要地势设险防卫。其内建筑有军事机构、军事配给设施，此外还有庙宇、鼓楼、儒学、武学、文昌阁等公共设施。明代卫所有海宁卫、舟山所、福宁卫、蓬莱水城等。

五、园林

（一）皇家园林

明成祖迁都北京后，对元代旧都苑囿保持原样。后至宣德年间，修圆殿，修葺琼华岛和广寒殿、清暑殿；天顺四年，开始沿太液池在东岸建凝和殿、西岸

❶ 元末明初，日本正处于南北朝分裂时期，在长期内战中，战败的西南部封建主，为了掠夺财富，壮大势力，搜罗一批溃兵败将、武士浪人和走私商人，组成海盗集团，经常在中国沿海进行武装骚扰、走私、抢劫，史称"倭寇"。

建迎翠殿、北岸建太素殿，均朝向太液池，又附建临水亭榭，形成以琼华岛为中心的建筑群。此后，西苑建设逐渐增多。西苑由圆殿和浮桥把太液池分成北海和中南海两部分，有宫墙宫门隔开。出西苑门顺太液池南向南，有乐成殿、涵碧亭，过小桥到南台，有昭和殿，可见远处村居稻田的田园风光。西苑后逐渐兴建虎城、豹房、天鹅房等蓄养珍禽异兽，为仿周代古苑囿之意。整体而言，明代西苑以整个太液池为中心，围绕池岸组织景点，与琼华岛共同构成西苑完整阔大的景区。以后历经数百年，建筑物更迭变换，但基本格局一直沿用到清代。

后苑（御苑）移到宫城坤宁宫后，有钦安殿，用作供奉玄天帝。亭馆布局整齐，种植有奇花异草供赏玩。后建假山、鱼池，成为清雅悦目的园林。万岁山在宫城玄武门外，以废土堆积而成，成为宫城的镇山。山后以寿皇殿为中心，殿东面有观德殿、永寿殿，山左面空旷处供皇室成员射箭观花等休闲活动用，附近有附属宫殿的建筑群。

东苑和南苑。永乐时期在皇城东南新建东苑，主要是供击球射柳。其中有殿，有草舍，其中小殿、亭榭以原始山木不经削斫加工作为梁椽，屋面覆草，富有自然野趣。其间有小河桥梁沟通萦绕，内种蔬菜瓜果，呈现质朴的田园风光，也有宋元士大夫私园自然质朴风格的影响。英宗复辟❶后，对东苑大力扩建，改称南内，修建华丽宫殿十余座，叠石为山，凿石建飞虹桥，多植四地奇花异草。南苑在北京城南二十里，是元代的飞放泊，主要供射猎，驰射讲武。隆庆后废

❶ 英宗复辟，又称夺门之变、南宫复辟。明朝代宗朱祁钰在位的景泰年间，将领石亨、政客徐有贞、太监曹吉祥等人于景泰八年，拥戴被朱祁钰囚禁在南宫的明英宗朱祁镇复位。

弃。永乐时期东苑、南苑主要是习射牧猎场所，带有军事训练性质，主要目的不是游玩娱乐。宣宗时逐渐荒废，到英宗时东苑完全成为享乐场所，南苑荒废。

（二）私家园林

明初太祖以节俭治国，着力促进生产，制定严格制度，不准私造扩建园林，全国私园发展迟缓。随着经济的恢复发展，奢侈风气开始抬头。英宗大兴苑囿后，民间跟风开始营造私园。江南的经济较为发达，加上气候适宜，山清水秀，造园之风开始兴盛。

明代私家园林普及化发展，数量远远超过以前时代，总体南方超过北方。南方以江浙最多，其次江西、安徽、福建等；北方北京最多，其次山东、河南等。虽然多有记载，但实际数量应该远超记载。明代在社会安定时期出现两次造园高潮，分别是成化、正德年间和嘉靖、万历年间，尤其嘉靖时期江南园林大量建造："嘉靖末年，海内宴安，士大夫富厚者……治园亭。"（明沈德符《万历野获编》卷26）❶。造园的兴盛也助推了造园理论的发展，但明代园林遗存至今的实例较少。

明代造园技艺在前代基础上继续发展。首先，不同群体按照不同的标准择地建园，如考虑审美、生活标准、政治理想等方面选择不同地点造园。其次，巧借自然山水进行造园是重要的造园手法——因借。明代继承唐宋以来的造园经验，并在深度和广度上有新发展。如巧妙利用周围的地形地貌等自然要素，确定园林的布局及主景构成，并将周围的美好景物引入园

❶ 王春瑜：明清史散论，商务印书馆，2015，第170页。

内，在城郊多利用天然的山冈峰峦和水面，在城内则
选幽静之地，或借用湖泊、溪流、泉池。因地制宜巧
构主景，四周景物均可入景。众多私家园林中，利用
天然水面和泉水的例子很多。同时，借用的自然元素
比宋元时期多有拓展增加，除天然的水面和山冈，采
石留下的崖壁、宕口也可成为造园元素。如绍兴畅鹤
园利用取石后留下的宕口作为池沼，用崖壁空凹构筑
亭榭，并在崖壁刻画流云舟船景色，丰富了视觉空间
和意境。因借手法还扩大到通往园林的沿途景观，超
过一般的局限于园林及周围的范畴。如杭州西溪江元
祚所建横山草堂，在通往草堂的沿途，以古梅修竹为
径，幽静深邃，特色鲜明，有别于其他园林。再次，
造景成分逐渐增加。随着士大夫审美能力的提高，造
景更加精细，景观构成更加综合复杂，在追求旷如、
奥如境界的同时，还追求瀑布池沼、峰峦涧谷、滩渚
岛屿、亭台楼阁、曲径小桥、花圃庄田等景观的齐备。
造园材料和手段的丰富，提高了造景表现力。由于各
地自然条件的不同，因地制宜所创造的景观丰富了明
代园林的景观类型。另外，园林中的建筑单体争奇斗
艳，各种功能的建筑齐备，满足园林日益与日常生活
关系紧密的需求。建筑密度增加，而园林空间有限，
建筑开始变得精细小巧，空间组合更加变化多端、空
透灵活，对比衬托手法丰富。建筑造型开始追求形式
的象征，如北京新园的梅花亭呈五角，象征梅花，门
窗、水池皆塑以梅形，亭以三重檐表现梅的重瓣；绍
兴畅鹤园将建筑构筑在峭壁处比拟仙居楼阁。上海曲
水园以曲廊随水曲而变；苏州归田园居以长廊蜿蜒，

连贯园的东西南北。长廊的运用为园林自然景观增添
了浓郁的人工美，自然景色与人工建筑交相掩映，相
得益彰，极大丰富了园林的视觉变化和游娱情趣。

●明　吴彬　月令图　局部

（三）造园理论发展

明初期士大夫园林以质朴清新、简约疏朗为主流
风格。到明中期，开始追求精美如画的景观和能方便
人们及时游乐宴聚的物质条件。社会经济的繁荣，为
园林发展提供了充分的物质基础和技术条件。同时，
宋元以来，山水画理论和审美趣味的流行，促进了造
园技术的进步和造园理论的发展。

一是追求诗情画意和以景入画。力求"一花一
竹一石，皆适其宜，审度再三，不宜，虽美必弃"（郑

元勋《影园自记》）**❶**。布局须"虚者实之，实者虚之""聚者散之，散者聚之"（祁彪佳《寓山注》）**❷**。邹迪光在经营无锡惠山愚公谷时，谈到塔照亭与山的关系时提出"山太远则无近情，太近则无远韵，惟夫不远不近，若即若离，而后其景易收，其胜可构而就"；处理山水关系时"山旷率而不能收水之情，水径直而不能受山之趣"。**❸** 计成和郑元勋都主张叠山堆石要符合画理，如寓园"似宋、元一幅溪山高隐图"。

二是体现意境和理想境界。明代园林对景物的设置和命名都带有对某种理想境界的追求。王公贵戚，商贾富豪，文人士大夫，各有不同的情趣爱好，有的茅亭草舍，风韵质朴，有的楼阁精丽，追求宴游享受。至明末，许多境界渐渐成为模式，如曲流回绕，疏篱茅舍，即恍然似桃源渡口；山径逶迤，台石苍草，有似武陵道中；临水亭台，若濠濮之间，体现文人游园触景生情的感受。此外，命名景物如小桃源、武陵曲等，启迪游人遐想和联想，深化直观感受。这样，把有限的园林景物无限延伸、扩大，上升为理想境界。

三是追求天趣和自然。明代私园虽有争奇斗艳的一些建筑和奇石景观，但景观的天趣仍然是多数主人偏爱的审美标准，体现了对景物符合自然之理而不露人工凿痕的评价标准，即"真"。"真"追求直觉感知的真实，而不是理性客观的真实。"巧诡于山，假山也。维假山，则又自然真山也。"**❹** 视觉感受的"天然"是最终标准，即"天趣"。园林要以有限的空间

❶ 陈植、张公弛：中国历代名园记选注，陈从周校阅，安徽科学技术出版社，1983，第224页。

❷ 陈振鹏、章培恒主编：古文鉴赏辞典，上海辞书出版社，1997，第1754页。

❸ 陈从周、蒋启霆选编：园综：新版．上册，赵厚均校订、注释，同济大学出版社，2011，第133-136页。

❹ 陈从周、蒋启霆选编：园综：新版．上册，赵厚均校订、注释，同济大学出版社，2011，第10页。

表现无穷尽的山水境界，随游者所到之处依次展现，移步之间变换景色，令人产生无穷遐想。"大抵地方不过数亩，而无易尽之患。"

四是移步换景和借景。私家园林主流是文人园林，园林的面积往往是有限的，而为了增加景色的视觉丰富性和游观的趣味，往往设置曲折迂回的游观路径，也通过景物空间的遮挡、通透，通过廊阁亭榭的组织，使观者在园林空间的移动过程中不断发现新的景致，呈现移步换景的丰富视觉效果。自古以来文人雅士均喜爱登高之处，以观览远近景色，而对园内造景的借景，在明代出现。借景是一种造园手法，也是一种有选择的景观补充，主要是借园外之景。计成的造园专论《园冶》提出"因借"，并详细叙述"借景"，全面完整地论述了借景的内涵："借者，园虽别内外，得景无拘远近……极目所至，俗则屏之，嘉则收之，不分町疃，尽为烟景。"❶ 除了对园外部景色的因借，园内景色也逐渐增加相互借景的手法，丰富了造园技巧。计成的《园冶》❷ 是对明代造园经验的总结。

六、宗教建筑

（一）佛教建筑

宋以来，佛教与儒学、道教的关系日益密切，佛教信仰借助三教合一的力量，得到了更加深入的普及。南宋禅宗创立"五山十刹"体制，形成以临安为中心的庞大严密禅院组织，在江南得到空前发展。禅林严格完备的纲纪也深刻影响了佛教其他诸宗。明初藏传佛教在内地逐渐衰落，禅宗、净土宗等逐渐恢复。宋

❶（明）计成：园冶注释，陈植注释，中国建筑工业出版社，1981，第41-42页。

❷《园冶》是中国古代造园专著，中国第一本园林艺术理论专著。明末造园家计成所著。全书共3卷，分为兴造论、园说、相地、立基、屋宇、装折、门窗、墙垣、铺地、掇山、选石和借景等十二个篇章。

元时期禅林的五山十刹在明代逐渐衰落，崛起的是明代佛教四大名山，也称四大道场，分别是山西五台山（文殊菩萨道场）、浙江普陀山（观音菩萨道场）、四川峨眉山（普贤菩萨道场）、安徽九华山（地藏菩萨道场）。名山之中，诸宗混杂相处而不对立，个性也不突出。这四大名山，是僧侣朝拜巡礼的圣地，寺院建筑辉煌宏大。明神宗时期四大名山佛教诸宗名师辈出，呈现佛教复兴气象。

同时，佛教与民间宗教信仰和群众的现实需要相结合，向大众化、实用化、世俗化的方向迅速发展，佛教寺院的构成及性质也随之发生变化，表现出三教合一的世俗化、大众化的特征。佛寺与民间庙宇互相接近、融合，宗教色彩逐渐淡化，民间氛围和儒家成分日益明显。明代就是这样一个典型时期。

明代佛塔建设达到一个高峰，与佛教寺院的发展紧密联系，同时也由于造塔材料砖及造塔技术的发展，为之提供了必要的技术条件。明代佛塔如南京报恩寺塔，充分反映和代表了明代砖塔发展的辉煌成就。明永乐年间（1414 年）于西藏日喀则江孜县建白居寺内大菩提塔，明成化九年（1473 年）建北京真觉寺金刚宝座塔。

●明　吴彬　月令图　局部

❶《金陵梵刹志》由葛
寅亮编著。内容叙述金陵
（今南京）诸寺的沿革、
制度、诗颂等，是研究金
陵佛刹与明朝佛教史的
重要文献。

明代金陵寺院繁荣。《金陵梵刹志》❶多有详细记载："金陵为王者都会，名胜甲寓内而梵宫最盛"（《金陵梵刹志·序》），"国朝定都，招提重建，或沿故基易其名……修复增置，共得大寺三、次大寺五、中寺三十二、小寺一百二十，其最小不入志者百余。京城内外，星散绮错。"（《金陵梵刹志·凡例》）以中刹青溪鹫峰寺为例，其殿堂构成，从南至北依次为：金刚殿、左钟楼右鼓楼、天王殿、左伽蓝殿右祖师殿、正佛殿、左观音殿、右轮藏殿、毗卢殿、回廊围绕。此寺构成基本反映了明代寺院（禅寺代表）主体布局的形制和基本特色。

进入明代，佛教建筑沿传统轨道进一步发展和完善，至此，中国传统木构建筑的发展，进入后期阶段，单体建筑已经高度成熟和定型，标准化程度极大提高。

宋元时期形成构件生产的标准化和程式化，到明代则形成单体建筑的标准化和程式化，运用定型的单体建筑组合复杂的群体建筑，群体布局取得大的成就。传统的大木结构，在明代作为主流与正统，在梁架结构上去繁就简，在细部装饰上精巧繁复。明代所存佛寺木构建筑较多，如明代五台山佛教寺院建筑、山西平遥双林寺木构遗存。典型的明代寺院还有北京法海寺大殿，智化寺大智殿、轮藏殿、智化殿、如来殿、万佛阁，四川平武报恩寺各殿，泉州开元寺大殿等。

平武报恩寺

平武报恩寺，位于四川省绵阳市平武县城区。寺院始建于明正统五年（1440 年），至英宗天顺四年全部竣工。平武报恩寺与青海瞿昙寺、北京智化寺等是中国保存最为完整的明代早期建筑群落。

报恩寺是川西北少数民族聚居地方的特殊政治体制的产物，由地方土司王玺所建。王玺逝世后，其子王鉴承袭爵位。他以先父未竟之志，与龙州宣抚司使薛公辅、副使李爵等各捐资产，继续修葺报恩寺。明天顺四年，平武报恩寺全部竣工。明嘉靖四十五年十二月，平武报恩寺改称龙安府，为区域县治所在。现存府城为明洪武二十三年（1390 年）所建。整组建筑较好地保持了明朝初期的风貌。

平武报恩寺大雄宝殿两侧分设大悲阁及华严藏，大悲阁内存有千手观音像一尊，高约九米，正身以整根金丝楠木精雕而成，工艺细腻，形象生动，实为罕见；千手观音像，全身贴金，头戴宝冠，身披菁纱，赤双足，立于仰覆莲花宝座上，体态柔美，高大均匀。

观音的头分成四个面，上面叠加三个小头像，两只大手高举无量光佛，身后呈扇形密布超过一千只手。每只手中刻有一只慧眼，并分别拿着净瓶、宝镜、宝印、莲花等佛门法器，显示解救苦难者的力量。这些手参差环绕，显露无遗，在空中大约排成十五层圆弧。

（二）道教建筑

明代以来，全真派、正一派为道教主要代表。明太祖朱元璋虽推崇道教和方术，但为防止发展过滥，设玄教院专门管理道教及各教派，后命各地僧寺道观并为一所，严加管理，对道教发展加以抑制。永乐"靖难❶"后，在武当山大兴土木，建造道宫，以"为天下生灵祈福"为由，收揽人心，其后道教势力得以发展，并由明世宗推向极致。目前明代道教建筑遗存有四川峨眉山市大庙飞来殿和香殿、北京朝阳门外东岳庙等，其中明遗存最大道教建筑群为武当山道教宫观。

武当山风景优美，历代有道士在此修炼，并修筑祠庙，宋、元分别增修扩建，元末大部毁于战火。明永乐十一年（1413 年），朱棣在武当山大兴土木，历时十一年，建成宫观三十余处，以彰显"为天下生灵祈福"的主张，巩固自己的统治地位。

武当山道教宫观建筑群沿太岳山北麓两条溪流自下而上布置。西河沿线在唐宋旧址上重建，东河沿线为明永乐年间新建。从玄岳门石坊过遇真宫，分两路进山，可至各宫观参拜，两路的终点是太和宫和金殿。全线长六十余公里，当时建有八宫、二观、三十六庵堂、七十二岩石庙、三十九桥、十二亭。

❶ 靖难之役，又称靖难之变，是中国明朝建文年间发生的内战。建文帝即位后，为了加强中央集权，推行削藩，引起诸王不满。燕王朱棣镇守边疆，起兵反叛成功，登上帝位，是为明成祖。

宫规格最高，规模最大，其次是观、庵，形成三级
道教建筑体制。各宫观建筑中玉虚宫最大，东西宽
一百七十米，南北长三百七十米，沿轴线有桥、碑亭、
宫门四重及前后殿。宫内大部建筑毁于火灾。现存明
建筑有"治世玄岳"坊、遇真宫、天津桥、紫霄宫、
天乙真庆宫石殿、三天门、太和宫、紫禁城和金殿等。

　　武当山主峰为天柱峰，建有石城绕山顶一周，名
"紫禁城"，城内最高处为永乐十四年所建金殿。金
殿为三间小殿，重檐庑殿顶，铜铸鎏金，仿木斗拱下
檐七踩，上檐九踩，均用重昂。殿后为父母殿，与左
右签房、印房形成一组山顶院落。这组城堡式建筑掩
映于密林云雾间，充满神秘色彩。

　　紫霄宫

　　紫霄宫是武当山保存较完整的源于明代皇家督
造的庙观建筑组群，坐落在武当山的主峰东北的展旗
峰下，占地面积约二十七万平方米。宫前小溪处呈
"～"形，以喻太极，宫内层层崇台，依山叠高砌筑，
殿堂建于高台之上，以斜长蹬道连通，格局以中轴线
对称布置，自前至后有龙虎殿、左右碑亭、十方堂、
紫霄殿、父母殿以及两侧东宫、西宫，仿若宫殿。东、
西宫自成院落，幽静清雅。

七、陵墓建筑

　　明朝建立后，全面继承和恢复古代礼仪制度，在
陵寝制度方面，继承因山为陵、帝后同陵和诸陵集中
同一区域的做法，并改革部分旧制，形成自己的特点。
其葬制起源于明皇陵和祖陵，在明孝陵初步形成规范，

在明长陵形成确定的制式，影响到藩王和其他皇室成员墓葬制度。

一个社会的建筑活动总是受到该社会的政治、经济、文化等诸方面因素的影响和制约，并为社会需要服务。明代帝陵规制对传统帝王陵寝制度中各种要素的取舍和重新组合，表明了陵寝祭祀中远古时期"灵魂崇拜"观念的逐渐淡化和礼制观念的不断加强，这个漫长的过程最后在明代完成。明代帝陵的基本布局模式为前后两个区域，以祾恩殿为主体的祭祀区在前，方城明楼为标志的地宫区在后。祭祀区用墙垣围绕成长方形，内依横墙分割为三个院落：从陵门至祾恩门为第一进院落，两侧有神库、神厨、宰牲亭等；祾恩门以内为第二进院落，祾恩殿即在此院落中，殿前两侧有配殿；祾恩门之后为内红门，即第三进院落，内有二柱门、石几筵（石五供）等。地宫区以方城明楼为入口，围以圆形城墙，成为宝城，陵体为宝顶，地宫在宝顶下。各陵因所处地形不同、建筑年代不同，规模、建筑配置及建筑形制都有差异。在陵门轴线上，沿神道设有石桥、石像生、石柱门、棂星门、碑亭、大红门等。有墙垣将整个陵区环绕围护。

（一）明孝陵

明孝陵位于南京玄武区紫金山南，东面是中山陵，南面是梅花山，为明太祖朱元璋与马皇后的合葬陵，又称"孝陵"。孝陵陵园整体规模宏大，参照唐宋时期帝王陵形制并有改善和部分扩增。明孝陵于明洪武十四年开始营建，到明永乐三年才完全建成。孝

陵布局继承了唐宋帝陵"依山为陵"的体制，但把方形坟墓改为圜丘。在整个明代，明孝陵一直是明代皇室的祖源地，一直深受尊崇。每年安排有固定的三大祭、五小祭。凡遇到国家大事，都会派遣大臣祭告。明孝陵整体恢宏庞大，格局严谨。陵园建筑从下马坊到宝城距离接近三千米，主体建筑有周长超过两千米的红墙围绕保护。朱元璋和马皇后合葬于"宝城"下地宫，"宝城"是一个圆形大土丘，直径约四百米，四周用条石砌石壁加固。

　　在各代帝王的保护下，明孝陵始终得到很好的维护，陵园位于青山绿水的秀美环境之中，周围山势绵延起伏，整体水绕山环，丰富的人文景观与自然景色相得益彰、浑然天成。明孝陵历经六百多年的沧桑，当初的许多木构建筑已经湮灭，但整体格局仍保留了原始规划恢宏的气派，地下墓宫也从未受到破坏，至今保存完好。陵区内的主体建筑和石刻都是明代遗存，陵墓原有空间布局保持了完整性和真实性，建筑遗迹也多保留原样，毁坏的也基本原样恢复，陵园内人文景观与自然景物和谐统一，成为中国传统建筑艺术和环境塑造紧密结合、相得益彰的优秀典范。明孝陵在中国帝陵发展史上有着特殊的地位，其规范和形制直接影响了明清两代帝王陵园的规划和营建。此后，明清帝王和皇室陵寝，一般按照南京明孝陵的规制和模式营建，因此，明孝陵享有"明清皇家第一陵"的美誉。

（二）明十三陵

明十三陵位于北京西北昌平境内，共有明代十三位皇帝在此营建陵墓。陵区占地面积约一百二十平方公里，是目前我国境内埋葬皇帝最多的墓葬群。

十三陵处于一个三面环山的小盆地之中，周围山峦环绕，山势逶迤，中部是一处较为宽阔的平原，陵前有一条小河蜿蜒流过，其地势十分契合传统的陵墓风水观，是风水俱佳的陵寝之地。自永乐七年五月开始修建长陵，到明朝最后一位皇帝崇祯葬入思陵，在二百三十多年的时间，先后修建了十三座皇帝陵墓及其附属墓葬。陵区共有十三位皇帝、二十三位皇后的陵寝以及众多嫔妃陵墓和相关墓葬。

根据陵墓营建的先后顺序，依次为：永乐皇帝长陵、洪熙皇帝献陵、宣德皇帝景陵、正统皇帝裕陵、成化皇帝茂陵、弘治皇帝泰陵、正德皇帝康陵、嘉靖皇帝永陵、隆庆皇帝昭陵、万历皇帝定陵、泰昌皇帝庆陵、天启皇帝德陵、崇祯皇帝思陵。此外，在陵区内还建有为皇帝谒陵服务的行宫等各式建筑，并在陵区附近山岭的天然山口处修筑了城垣等设施，以护卫陵区，保证帝陵的整体安全。明十三陵陵寝是按照主尊卑从的布局排列的，帝陵位于山脉的主脉上，皇后与嫔妃陵墓等依尊卑次序居于次一级的山岭支脉上。长陵是十三陵中的第一座帝陵，位居天寿山主峰中间，其后各帝陵分别排列在其左右。

八、明代建筑技术小结

明代建筑总体在前代的基础上继续发展，并加强

恢复汉族传统的规制，在材料、新结构、构造技巧上
继续发展，建筑类型上适应多样化需求而逐渐成熟，
在建筑形制、设计、施工方法与工艺等方面逐渐完善，
建筑技术上走上规范与成熟，特别是砖材技术日益成
熟并深入基层大量运用，在拱券结构技术、砖砌体技
术方面发展迅速，形成中国古代建筑的高峰。同时，
琉璃广泛应用，石雕、髹漆、彩绘等装饰技巧更加丰
富，地方建筑风格多姿多彩。明代关于营造的书籍无
专门著作，政府法令和规定散见于《永乐大典》和《明
史·舆服志》等著作中。万历年间何士晋编撰《工部
厂库须知》❶，将工部下属四司中的职务条令、工料
定额、匠役制度等罗列，比较详细地记载了明代的营
造相关事宜。明末计成著《园冶》，这是我国第一部
完整的造园学专著，对江南园林营造有较大影响。《长
物志》为明末书画家文震亨著，是关于居住环境、器
物的，其中对明代住宅、园林、家具及室内陈设等的
论述，对江南文人园林有较大影响。《鲁班经》流行
于江南沿海，是以木工为主的匠人营造的技术著作，
对木工行业、普通民间营造影响深远。

❶《工部厂库须知》由何
士晋编纂，是我国明代官
方建筑营造典籍。是了解
和研究我国明代官方建
筑规范、制度和程序等十
分重要的基础文献资料。

（一）木构建筑技术发展

　　在具体技术上，传统木构建筑技术仍然是建筑
主流技术。大木技术从明初开始长达近两百年的时
间，以皇室及官方建筑为代表。比较具体地看，出
现多种梁架结构，如抬梁式直梁型北方木构，月梁
型抬梁、直梁式南方木构；直梁、混合式木构，冬
瓜梁、直梁和插拱穿斗式西南、南方木构。嘉靖至

明末，开始崇尚奢华。装饰技巧与艺术手法日趋繁复华丽，出现举架技术。此时地方风格也得到了较好发展。明继承宋元建筑技术，崇唐抑宋，慕古风，所颁布的制度规定各级亲王、臣官的建筑在开间、屋顶样式、色彩纹样等方面的等级礼制。南方在更多继承宋元技术基础上发展，在结构工艺上达到极高水平，体现了建筑文化的个性。明代整体在大木技术上的发展体现在这几方面：①柱梁体系简化与改进。②由于算料方便，屋顶从举折过渡到举架。③斗拱继续发展变化。④翼角做法逐渐定型。⑤拱券、重檐、草架技术逐渐发展成熟。⑥重檐和楼阁简化发展。⑦榫卯技术精巧发展。

（二）砖石技术发展

明代是我国砖石技术的成熟发展期。明时期继承前代基础，技术水平极大提高，趋于成熟，砖石建筑大量应用，数量大、分布广，是我国砖石建筑发展的一个高潮。明初开始，由于大量造城，尤其是南北两京筑城建设规模巨大，刺激砖石建筑工程的发展。同时，由于黏结材料和制砖技术的发展，拱券技术日益成熟，将砖石运用于传统构架技术。明万历年间营建了砖拱结构、仿木建筑的无梁殿，改进了拱券的构造形式以改善结构受力的合理性，承重墙变薄，向承重柱的方向探索发展；外墙到檐部出现程式化的砖构仿木技术，异形砖构件增多。砖制山墙开始普及，硬山顶屋顶出现并得到推广。

在砖石建筑技术的运用上，由最初的地面用木

构、地下用砖砌墓的阴阳区别，到发现砖石结构的
优点后，逐渐运用于木构基础的混合式建筑，后慢
慢淡化其多用于"阴"的观念，得以在建筑中逐渐
普及到宫殿、住宅、城楼。在大规模造城的刺激下，
大量长时间的制砖造城活动，推动了明代砖和黏结
材料的生产，也刺激了砖结构技术的发展。一方面
由于战争中攻城火器的使用，木构易毁于战火，砖
城体现出来的防火、坚固的特征，使得城市为加强
防御，逐步采用砖石材料稳固城墙、城楼等城市建
筑设施，也为其他建筑使用砖石提供了经验，此后
城市中钟鼓楼、碑亭、建筑大门、无梁殿等建筑开
始广泛使用砖石架构。另一方面，砖石构筑相对于
木构建筑对技术要求较低，可以大量使用普通劳动
力，尤其可以使用军队、囚犯等，而工匠的南北流动，
更是推动了砖石建筑技术的普及和应用。两京都城
城墙建设、长城修建、各地府州城市的建筑，大规
模地用砖，使制砖活动遍及全国，山西等地甚至每
个村镇都有砖窑。砖的制作工艺技术比较复杂，从
宋应星《天工开物》和张问之《造砖图说》等明代
著作中可以看到砖的生产技术过程。黏结材料石灰
的生产和运用技术（三合土）成熟并得到推广。此
外，商品经济的发展促进砖瓦制造向手工工场转化，
刺激民间制砖技术进步和增加产量。漕运保障了砖
瓦的运输。在京城、长城等超大型建筑需要大规模
用砖时，御窑以及服务全国用砖的场所也集中在运
河附近，水运的便利也促进了各地砖建筑的发展。

（三）建筑装饰

建筑彩画是建筑技术与艺术成就的有机组成部分，明代彩画的高度发展水平成就了明代建筑的辉煌。明代建筑彩画装饰成就突出地表现在：首先是宗教艺术（伊斯兰教、藏传佛教）传入带来了新的装饰图案，如旋花图案的产生和盛行；其次是建筑木架构的简约为彩画的构图和做法提供了条件，重要建筑木构上随之大量运用彩画装饰；清新淡雅的南方彩画和浓重富丽的北方彩画开始形成明显的风格差异，成为两种稳定的不同风格。

元朝时伊斯兰教传入中国带来的几何、植物装饰纹样日益受到重视，中国本土原有的图样和外来传入的纹样结合，形成新的装饰图案，旋花是其中重要的一项。旋花，是漩涡状的花瓣组成的几何图形，以"一整二破"为基础，主要用于藻头部位。这种花型迥异于宋以写生花为主的题材，是花型与几何形结合创造而得，摆脱了写生花的局限，更多地向图案化转化而成为新图案。明代在旋花上定型，并形成体系，成为易于设计、便于施工、广为流传的建筑彩画题材。旋花彩画图案在明代宫殿庙宇中十分流行，现遗存明代建筑物上多有体现，如北京智化寺、法海寺、故宫南薰殿等处的梁架上，明十三陵的石牌坊和各陵的琉璃门额枋等仍然存有丰富多彩的旋花图样。其花纹简单明确，表现力强，布局条理分明，便于施工设计。同时，其图样构图灵活性和伸缩性大，只要运用简单的手法即可形成变化多端的彩画布局，在梁枋的正面、底面上，可构成环状双关图，适合转角处理并形成图

案造型的整体感。

明代南方彩画分为三等级，上五彩、中五彩、下五彩，区别在于线条处理，"上五彩"线条沥粉后补金，"中五彩"线条拉白线，"下五彩"线条黑线拉边。明代南方彩画多用金装饰，出现"僭越"现象，属于当时南方特有的社会现象。明中期以后，经济繁荣，逐渐产生奢靡风气，商业资本的活跃使得在意识形态方面出现对礼制的叛逆倾向，嘉靖至明末，团龙纹、立龙纹已经成为普通百姓的衣服纹饰，色彩上也超越明初的规定，黄色、红色等以前民间禁用的色彩也被广泛使用，作为富有的象征而在民间流行。现存民间彩画多为住宅彩画，也有宗祠庙宇彩画，以创造出住宅和祠堂特有的气氛。一种是所有檩条和梁架满施彩画，一种是部分檩条和梁架施彩。现存明代住宅彩画实例有江苏常熟彩衣堂、苏州东山凝德堂等。

琉璃装饰。明代是我国建筑琉璃发展的顶峰期。琉璃特指陶胎铅釉面的陶制品，宋《营造法式》、明《天工开物》均记录了烧制方法。由于元初统治者追求华丽，琉璃采用强烈色彩，在宫殿、寺庙等建筑和构筑中被广泛使用，此外朝廷还设置琉璃厂窑专门制造琉璃。明在琉璃艺术造型、釉色配置、烧造技术上都已臻纯熟，釉色上出现孔雀蓝和茄皮紫，与黄绿桔青色配合，增加了艺术效果。这一时期留下众多艺术上品，是我国琉璃发展史上的鼎盛时期。永乐为建北京城，在北京创建琉璃厂，集南北工匠精华，统一生产，严格质量检验，提高了琉璃质量和工匠技术，相

应地推动了民间琉璃的普及和发展。至成化年间，民间琉璃发展起来，各地寺庙广泛使用琉璃。嘉靖至万历，随着民间大修寺庙，琉璃遍布村落，琉璃技术完全定型并开始片面追求烦琐装饰。此后战乱，建筑琉璃衰落，至清康熙才逐渐恢复活跃。

明朝小木装修做工高度成熟，在家具、门窗等方面进一步走向工整和细致，精雕细刻，技术高超。官式做法由于规约的制定走向定型，但在民宅和园林建筑中，小木装修丰富多样，富有装饰趣味，图案花型繁多。原料使用名贵木材和工具技术的进步，使小木的精雕细刻得到进一步发展，在《园冶》《天工开物》中有专门论述。

第二节　清代建筑

明崇祯十七年四月，李自成率领的农民起义军在山海关被清兵击败，清军入关。五月清军入京，十月清世祖登临皇帝位，建元顺治，随后清逐渐统一中国。到宣统三年（1911年）辛亥革命迫使清帝逊位，清朝共计统治中国268年。两百多年间，中国建筑业随历史文化演进极大，富有特色，至今遗存建筑物众多，内容丰富。今天人们所认知的中国古代传统建筑艺术形象，大部分为清代所营建。清代建筑经历了恢复、极盛、衰颓三个典型的建筑发展时期。清顺治初年到雍正时期，国内局势稳定，国力不富裕，清初三代皇帝在营建方面非常节俭，以实用为主。乾隆时代，从宫廷内外到全国各地，大兴土木，产生了一大批质量

上乘、规模巨大的建筑，是封建社会最后一次建筑发展的高潮，形成突出的时代建筑艺术风格。由于此时人口剧增，突破三亿，耕地从五百余万顷发展至八百余万顷，国家财政余粮及库银极大充盈。此一时期，建筑活动涉及多方面，宫殿内外、园林苑囿、水利设施、祠坛寺庙等大规模建设，全国各地土木建筑有了巨大发展，工程技术也有较大进步，建筑装饰精工细腻、花样迭出，高超的工艺技术水平在建筑上得到广泛应用，南北建筑风格融合发展，共同助力了建筑及其装饰艺术的繁荣。

一、都城、宫殿、礼制建筑与皇陵

（一）都城

清顺治元年（1644 年），清朝正式定鼎北京。明末李自成起义军对抗清军失败，退出北京时焚毁明大内宫殿大部分。当年五月清军进入，其他城区基本未受破坏。清代北京城基本继承明代布局，仅做局部调整、改造。皇城基本继承明代皇城、宫殿的基本布局，改动比较小。在城市的总体面貌上也改动不大，其变化主要体现在一是部分改造、调整旧城，一是开发北郊和南郊园林。

清代改革调整了宫廷内府的服务机构，取消明代的二十四衙门 ❶，原明代皇城的东北部大部分改为庙宇和民居，太液池以西除保留西什库和大光明殿外，其余用作胡同民居。原皇城东南角的明南内也仅仅保留皇史宬、锻库和一座庙宇，其余改为民居。清对皇城的裁撤扩大了城市居民用地。此外，调整改变明代

❶ 二十四衙门是明代宦官侍奉皇帝及其家族的机构，内设十二监、四司、八局，统称二十四衙门。

衙署、府邸、仓所等用途。很多仓、厂改为民居，王府大街原明王府改为怡亲王府，一些厂、库用地改为王府，并利用一些宅院或空地新建造一批王府。至清末仍然有大约五十座王府。王府建造成为清代北京内城的重要建筑活动。总体来说，清代对北京城的改动最大之处是调整了居住空间的布局。

由于实行八旗兵❶驻城，内城改为满城，成为各八旗兵的居住区域，按旗划分，其他居民外迁。同时，汉族及其他民族迁移到外城也促进了外城的开发，街巷胡同日益密布，成为人烟繁密的城市居民区。外城广安门到广渠门的主干道两旁成为商业集中区，宣武门外逐渐形成会馆、文玩商业街。由于大运河物资进京，从崇文门进城，外城的崇外大街、前门大街、宣外大街迅速成为店铺林立、货商云集、交易繁荣的闹市区。

（二）宫殿：紫禁城

清代北京紫禁城（现北京故宫）原是明朝大内宫城，处于北京城中心。清代宫城延续明代的格局，根据《礼记》和《考工记》的封建礼制要求布置，社稷坛和太庙、前三殿和后三宫、大清门到太和门的五门，都是按照封建等级礼制要求布局，附会“左祖右社❷”和“三朝五门”“前朝后寝”的安排❸。宫城南北长九百六十一米，东西宽七百五十三米，总面积七十二万余平方米，总建筑面积约十七万平方米，是世界上现存规模最大、历史最为悠久、保存最为完整的木质结构宫殿古建筑之一。紫禁城有

❶ 八旗兵是清朝的军事组织，分为满洲八旗、蒙古八旗和汉军八旗。八旗兵分为京营和驻防两大类。八旗兵世代军籍，实行世兵制。

❷ 左祖右社，出自《周礼·考工记》，指宫殿的左边是祖庙，右边是社稷，即祖庙建在东边，社稷坛建在西边，左右对称。

❸ 刘敦桢：中国古代建筑史，中国建筑工业出版社，1984，第296页。

四座城门，南面为午门，北面为神武门，东面为东华门，西面为西华门。宫城四周围有高十米的城墙，四角各有一座角楼，城外有宽五十二米的护城河。

　　紫禁城内的建筑分为外朝和内廷两部分。紫禁城外朝三大殿是皇帝处理政事的地方，其中以太和殿为中心，中和殿、保和殿依次排列在后面。太和殿的殿宇最为雄伟高大、辉煌气派，皇帝登基、大婚、册封、军队出征等都要在这里举行盛大仪式。典礼时钟鼓声声，礼器乐器齐鸣，展现皇家典仪的隆重和辉煌气派。三大殿左右两侧分别是文华殿、武英殿。紫禁城后半部叫内廷，从前殿进入内廷的大门是乾清门，里面就是后三宫，是皇帝和皇后居住的正宫，从南到北排列着乾清宫、交泰殿、坤宁宫；东西两边分别是东六宫和西六宫，是后妃们居住的地方。乾清宫是皇帝处理日常政务的地方，交泰殿是清代册封皇后，授皇后册、宝的地方。坤宁宫是清朝雍正帝之前皇帝与皇后生活起居的地方，雍正之后皇帝生活起居及理政在养心殿，此殿位于乾清门西侧，可兼顾前后三殿。东六宫的东面是天穹宝殿为代表的佛堂建筑，西六宫的西面是中正殿等佛堂建筑。外朝、内廷之外还有外东路、外西路两部分建筑。宫城的后半部在建筑风格上不同于前半部，前半部的建筑象征皇权的至高无上，追求辉煌壮丽，后半部的内廷建筑则是每个宫殿自成院落，庄重和谐，又有典雅秀丽的韵味。

　　紫禁城沿中心轴线南北向布局，在轴线上有节奏地安排了系列的门、阙、殿、阁，主体是三大殿

和后三宫，前面以午门、端门、承天门为入口，向前延伸到千步廊、大明门（大清门）、正阳门、永定门；后面以御花园、景山屏蔽，延伸到地安门、钟鼓楼为终点，轴线总长超八千米。前部宫殿，建筑造型雄伟壮丽，庭院布局明朗开阔，以显示皇帝的威严，象征封建皇权的至高无上，以震慑天下。后部的内廷紧凑严整，东西六宫各为单独建筑，有自己的宫门宫墙，围绕主轴相对排列。在主轴两侧，围绕主宫殿，分布次要辅助宫殿，主次分明，疏朗有序，烘托映衬出中心主殿的宏伟气势。紫禁城整体近似理想的方形，布局秩序井然，以体现帝王最高权力的最宏伟的太和殿为中心，沿南北纵向的中轴线布置系列宫殿建筑群落，体现至尊的皇权。紫禁城宫殿集中国历代宫殿建筑精华于一身，体现了中国古代建筑的最高成就。

紫禁城是中国古代建筑空间设计的典范，服务于帝王皇权，辅助营造皇权的至高权威，并以模数比例的次第变化营造等级差异，区别尊贵等级的不同。紫禁城宫殿是空间变化极其丰富的建筑群体的组合，以门、殿、廊庑划分出庭院空间的万千变化。如以中轴线上大明门为起点，通过狭长的广庭，到承天门前突然开朗，衬托承天门的雄伟，承天门到午门之间是更小的狭长庭院，向前有高大的五凤楼。进入午门后，空间再次扩展，在皇极门前是宽两百米，深一百四十米的广阔庭院，金水河环绕，空间开阔雄伟。再进入皇极门内，廊庑环绕宽二百三十四米长四百三十七米的宽阔庭院，中央三层汉白玉高大台基上，耸立着巨

大的三座大殿，主殿太和殿是重檐屋顶的巨大建筑，
屋面为金黄琉璃瓦，两翼的廊、崇楼、阁拱卫，彰显
天子之尊的宏大气势，是空间的最高峰。三大殿后面
的乾清宫以较小和紧凑的布局营造出后寝的生活气
息。寝宫后面是布满亭榭花木的御花园，柔美温婉，
体现阴柔之美。整个布局以系列空间的变化，以有序
的轻重节奏，渐次扩展，大小收放有序，视觉起伏跌
宕，营造出独有的帝王权力秩序空间。

　　紫禁城布局也充分反映了封建礼仪规制及阴阳
五行思想。周礼的"前朝后寝，左祖右社"，历代的"三
朝五门"都在紫禁城布局中得到了体现。在各种建
筑尺度的数列中，如台基高度和宽度、阶梯步数与
长宽尺寸、梁架数目、斗拱踩数等均以数字九、五
象征天子，宫殿命名取阴阳五行之意，如日月、乾坤、
文武、左右、春秋等，以六宫六寝共数十二符合年
月之数，各宫方位按五行、五色、五方的对应关系
布置。

　　清代皇宫虽然在明代的基础上复建，但在布局与
形制上多有变化，目前所见宫殿建筑多数为清代所建，
较明代的变化主要有：突出紫禁城中轴线艺术群体，
增建改建始终围绕中轴线安排，不断加强中轴线的主
体中心地位；在具体布局上打破了明代完全东西对称
的形式，增加实用性，分区更加集中，便于管理，各
小区域可以根据实际需求灵活布局平面，有了较多自
由，在主体对称的基础上增加了灵活的变化；另外，
建筑的生活气息更加浓厚，一些建筑并不追求高大，
而是注重精致的小体量。在宫殿内部装饰上，以繁复

的彩画、窗棂格花、精雕造型，达到了空前的华丽。总体上，清代紫禁城宫殿建筑艺术与明代相比更加精致、华丽、丰富，也更加辉煌灿烂。

●紫禁城体仁阁

（三）礼制建筑

清代北京的礼制建筑未大规模重新建造，主要继承利用明代的天坛、地坛、日坛、月坛、先农坛、太庙、历代帝王庙等祠庙建筑，并加以部分改造。改造比较大的是天坛。乾隆年间对衰败损毁的天坛加以改造，改祈年殿（泰享殿）的琉璃瓦为纯青色琉璃瓦，并把围墙墙身包砖保护，其他附属建筑的瓦也全部更换为青色；圜丘坛的地面、台基栏板等更换为汉白玉石为主，对圜丘坛的平面尺寸重新设计，更符合礼制的数理要求，如每层台面铺地皆成九环，每环为九的倍数，取阳数的最大值；每层供四面上下的步踏也是九步。改动后的天坛建筑在数字的象征意义上更加明确。孔庙及国子监沿用明代旧制。雍正时期在紫禁城东西两侧加建了风神庙（宣仁庙）、云神庙（凝和庙）、雷神庙（昭显庙）。

（四）皇陵

清代皇陵包括关外四陵、河北遵化清东陵、易县清西陵共六处。关外四陵是东京陵、永陵、福陵、昭陵，为清太祖努尔哈赤迁都沈阳后，还未入北京时的皇家陵园，为顺治之前清统治者及其祖先的陵墓。清东陵位于河北遵化马兰峪昌瑞山下，有顺治孝陵、康熙景陵、乾隆裕陵、咸丰定陵、同治惠陵等五座帝陵及四座后陵和妃子园寝等，总面积达八十平方公里，是中国古代最大的集群式皇家陵区，其组织既"遵照典礼之规制"，又"配合山川之胜势"。清西陵位于河北易县永宁山下易水河旁，有雍正泰陵、嘉庆昌陵、道光慕陵、光绪崇陵等四座帝陵及皇后陵三座，以及王公、妃子园寝等。

二、园林

（一）清代园林概况

清代园林集中国古代园林的大成，是中国古代园

林发展的最后一个高峰。承继前代，尤其是宋元明以来园林建设积累的丰富经验和理论，如宋注重山水诗画意境的山水写意园林、明代缩微写意山水私园等的实践成果，加上《园冶》等造园理论，清代园林获得了进一步的发展。园林建设往往耗费巨大，尤其是皇家园林建设，无不是建立在国家经济繁荣、政治稳定、社会安宁的基础之上，园林建设规模和水平直接反映出国家的综合国力强弱。"天下之治乱，候于洛阳之盛衰可知；洛阳之盛衰，候于园圃之废兴而得。"（宋李格非《书〈洛阳名园记〉后》）清代园林的盛衰发展，也是清代社会经济发展水平的缩影。

清统一全国后，采取积极的农业政策恢复生产，奖励垦荒，修治水利，人口和农业经济得到恢复发展，也带动了手工业和商业的繁荣。社会财富的积累既为国家积攒财力，也为民间提供了私家园林修造的条件和环境。康熙平定噶尔丹叛乱，收复台湾，乾隆平定回部上层贵族大、小和卓和四川大小金川叛乱，国家控制的疆域远超其他时代。康、雍、乾、嘉四朝，稳定的政治局面持续一个半世纪以上，为经济文化建设提供了条件和基础。清代的园林建设成就主要在这个时期获得。

在皇家园林的建设中，几代帝王如玄烨、弘历积极学习汉文化，擅长诗文，尊崇礼乐儒术，加上其本身高水平的文化修养，对皇家苑囿的建设发挥了积极的影响。清初文化阶层复古之风盛行，士大夫开始追求游宴享乐的生活；同时，经济发展使市民阶层出现追求实用和生活趣味的倾向。这些文化

意识氛围使民间园林形态呈现华丽纤巧、丰富多彩的风格。士流官宦等积极参与园林构思与营造，商贾巨富礼聘文人参与私园营建，而文人园林在清代仍然得到发展。不同知识阶层的参与，提升和丰富了清代园林的文化与艺术趣味。

　　清代的皇家园林建设主要在几个地方：大内御苑御花园和三海御苑（西苑）的修缮增建；开发西郊水利，不断经营皇家园林，形成离宫苑囿群；开发南苑，成为狩猎用途的皇家苑囿；建设离宫承德避暑山庄（自然山水园林）。

　　清代园林的发展大致分为三个时期，分别是：①清初的恢复期，包括顺治、康熙、雍正三朝（1644—1735 年）近百年时间。此时期虽全国统一，但叛乱及纷争较多，为恢复战乱创伤，以务实、休养生息为主，作风比较简朴，对明代宫殿、苑囿等修缮或调整后加以利用。大内御苑利用明时旧物，未加改造；顺治建西苑琼华岛上白塔和永安寺；南海兴建一批建筑（勤政殿、丰泽园、瀛台）作为康熙处理日常政务和接见臣属的地方。在北京西北郊，在金代行宫基础上逐渐改建游憩行宫苑囿，后逐渐兴建静明园、畅春园。畅春园建成后，康熙帝大部分时间居住此地处理政务。承德避暑山庄于康熙四十二年开始兴建，历经约六年建成，有康熙以四字命名的三十六景，作为北巡边疆、怀柔蒙古、巩固边陲、会见赏赐蒙古王公及奖励勋臣的地方。避暑山庄是大型自然山水园，园中有山地、平原、湖泊三种地形，其间布局营建苑囿宫室，运用缩微景观、山水写意、

模拟名胜等各种造园手法，是中国古典园林的一次大总结。此时私家园林在江南等经济较好地区也有所恢复。②乾隆、嘉庆鼎盛期（1736—1820 年），大约百年时间。这期间国家基本稳定，经过百余年的休养生息之后，加上西征的胜利，清王朝达到前所未有的繁荣，国力处于鼎盛时期，掀起了皇家园林建设的高潮，使中国古典园林建设取得辉煌成就。乾隆在大内御苑方面主要是改造西苑，建造宁寿宫花园。乾隆时期大规模园林建设主要集中在行宫、离宫御苑，首先扩建南苑，建行宫衙署供狩猎检阅。花费九年时间扩建西郊圆明园，完成"圆明园四十景"，又扩建静宜园，纳入香山麓及周围河湖。后圆明园东又建成长春园和绮春园，与圆明园互通，合称"圆明三园"。花十四年建设完成清漪园（颐和园前身），整修万寿山、昆明湖及其周围建筑，形成完整的清漪园园林系统。大规模整治西郊水系，通过涵闸控制和水系连接，沟通圆明园水系和内御河、通惠河，充分发挥水系的综合利用。这样，从香山到海淀，加上圆明园附近建设的赐园和官宦私园，南到长河，形成一个巨大的园林区。这个庞大的区域范围内，馆阁参差隐现，名园胜景相接，连绵不绝，其中最大的五座苑囿总称"三山五园"：圆明园、畅春园、香山静宜园、玉泉山静明园、万寿山清漪园。乾隆十六年又扩建承德避暑山庄，历时三十九年，增建三字命名景点三十六处，成为最大离宫苑囿。嘉庆时期则主要是维护前期完成的北京和承德的离宫群，有少量增建宫殿和赐园。这一

时期私家园林逐渐成熟，形成北方园林、南方园林、岭南园林等各有特色的私园类型。造园活动扩展到全国各个地区，地区、民族间互相借鉴，融合渗透。乾隆、嘉庆时期是中国古典园林发展的最后一个高潮。③道光及以后的衰落期。此一时期国内外局势危机迭出，逐渐动摇了封建社会体制，清王朝频繁遭受内部动荡和外国侵略，逐渐沦为半殖民地半封建社会，国力遭受重创，无力再建造大型苑囿离宫。英法联军、八国联军的入侵，圆明园等北京西郊园林遭劫掠焚毁，几无幸存，几百年经营的成果毁于一旦，后仅仅部分修复。

（二）皇家园林

1. 圆明园

圆明园占地超过三百五十公顷，规模庞大，其中水面面积尤为凸显，大约为一百四十余公顷。圆明园整个园区包含了圆明园、绮春园、长春园三个部分，其中圆明园最大，一般统称圆明园。圆明园广泛汇集诸多江南名园胜景的构思和造园技巧，同时，还专门划分区域布置了模仿的西方园林建筑，可以说是集古今中外造园艺术大成的杰出园林艺术作品。

圆明园起初是雍正作为皇子的赐园，雍正即位后进行了大规模的扩建完善，成为大型离宫御苑。雍正时期对圆明园进行扩建，主要有三部分工程：第一部分，把原来的中轴线继续向南延伸，在南面布置宫廷区，仿照紫禁城格局，以中轴对称的形式

安排大宫门、左右朝房，以及内阁六部、各司府等的
值房，后来此处成为皇帝在圆明园主政的主要建筑群。
第二部分，从赐园向北、东、西拓展，在宫廷区北面
的湖面构建岛屿，形成九洲景区，在岛屿及周围近岸
布置亭阁楼榭，此处成为后来乾隆帝御题"四十景"
的主体（超过二十八景在雍正主政期间完成）。第三
部分，在九洲湖面的东面建设福海景区，并在周围建
设配套的建筑群组。经过几次扩建，圆明园的占地面
积达到约三千亩。在园中的不同景区内，庄严壮美的
宫殿与附近灵动巧逸的亭阁楼台相映衬，曲折回转的
回廊和桥面连接各处景点，假山、湖泊以及蜿蜒的河
流点缀其中。整个园区景色极其丰富，使人流连忘返，
被乾隆誉为"天宝地灵之区，帝王豫游之地，无以
逾此"的"万园之园"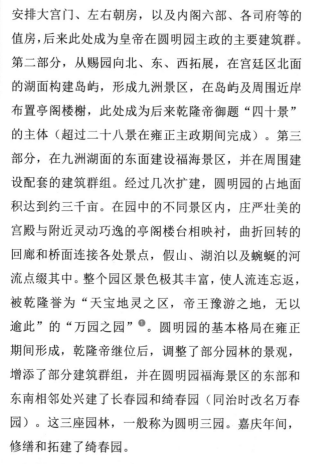❶。圆明园的基本格局在雍正
期间形成，乾隆帝继位后，调整了部分园林的景观，
增添了部分建筑群组，并在圆明园福海景区的东部和
东南相邻处兴建了长春园和绮春园（同治时改名万春
园）。这三座园林，一般称为圆明三园。嘉庆年间，
修缮和拓建了绮春园。

❶ 张超：圆明园，段柄
仁主编，北京出版社，
2018，第20页。

　　圆明园中仿建了中国各地尤其是江南的大量名
园胜景，几乎涵盖已知的所有园林建筑类型，包括殿、
堂、亭、台、廊、轩、舫等多达四十多种，还营造有
村居、街市以展现市井生活情趣。园中景点的营造主
要以水作为主题，以环绕遍布全园的水体作为沟通各
处的关键，各处较大的湖泊通过水道河道串联在一起
形成完整的水系，整体水面几乎达园区面积的一半。
园内的建筑形式多样，吸收了各代建筑的优点，又突

破了官式建筑的约束，在平面布置、外观造型、群体
组合等多方面灵活配置，建筑样式博采众长，并创造
出许多罕见的建筑形式，有扇面形、圆镜形、工字形、
山字形、书卷形等各种平面布局。圆明园中的各个景
色布置随势应景，对景借景，移步换景，层层递进，
如珠玉般连环嵌套，姿态万千、趣味无穷又丰富和谐，
是自然与人文相得益彰的园景。

●圆明园遗址

1860 年，英法侵略者入侵后，掠夺了园内大量文物、艺术品及金银制品等珍宝，并纵火焚毁了圆明园建筑，附近的清漪园、静明园、静宜园、畅春园等均被毁坏。光绪二十六年（1900 年），八国联军侵华，大规模掠夺后又一次焚毁园内复建的建筑，随后圆明园内的建筑和古树名木遭到彻底毁灭。

2. 清漪园（颐和园）

颐和园，前身为清漪园，与圆明园毗邻，以昆明湖、万寿山（原瓮山）为基础，是汲取江南园林设计手法建成的一座大型山水园林，也是目前我国保存最完整的一座皇家行宫御苑。

乾隆初年，经过前面几十年的建设，北京西郊海淀一带聚集了越来越多的皇家园林与赐园等，园林用水量急剧增多。由于附近乃至整个北京水源有限，除万泉河水系外，用水多来自发源于玉泉山等山地的泉水，这些水也用于补给通惠河，因此整体用水比较紧张。乾隆十五年（1750 年），为了统一调度和充分利用这些有限的水源，乾隆下令拓宽深挖西湖，同时在西湖西边开挖高水湖和养水湖，扩大水面和增加整体蓄水量，充分利用西山、玉泉山等处来水，并以此三湖水量保证宫廷和园林用水，也保证了附近农田用水灌溉等。乾隆帝还将西湖重新命名为昆明湖，将从湖中挖出的土方堆筑在北面的瓮山，并将瓮山改名为万寿山，以为皇太后祝寿。昆明湖除用作皇室游玩，也用于操练水军，其名称来源于汉武帝挖昆明池操练水军的历史典故。清漪园利用瓮山和昆明湖湖面，仿杭州西湖和孤山的山水意境，山水关系和桥堤分割也

仿照西湖。园内布局以大报恩延寿寺居于中央，佛香
阁作为轴线中心的制高点统率全园建筑和景点，环绕
湖岸，以万寿山为中心，完善园内各种殿阁建筑，以
及桥、廊、台、榭和寺庙等，形成山水相依、景色丰
富、壮观大气又典雅活泼的独特园景。

●绮春园鉴碧亭

　　清末由于国力逐渐衰微，清漪园在道光后逐渐弃
用。咸丰十年（1860 年），清漪园遭英法联军抢掠
后被焚毁。光绪时期又重建清漪园。在有限的经费制
约下，集中力量修复前山建筑群，放弃后山，并对乾

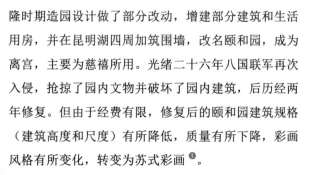

隆时期造园设计做了部分改动，增建部分建筑和生活用房，并在昆明湖四周加筑围墙，改名颐和园，成为离宫，主要为慈禧所用。光绪二十六年八国联军再次入侵，抢掠了园内文物并破坏了园内建筑，后历经两年修复。但由于经费有限，修复后的颐和园建筑规格（建筑高度和尺度）有所降低，质量有所下降，彩画风格有所变化，转变为苏式彩画 ❶。

3. 承德避暑山庄

承德避暑山庄，是清代皇帝修建的规模庞大的避暑用离宫，又称"热河行宫"，位于河北承德市北部的一个谷地，地处武烈河西岸。山庄依山形地势进行布局，巧妙利用地形地貌，分区设置功能，各种山形、林地、草地、水景景色丰富，建筑与景物配合，形成不同于其他园林的独特风格。此行宫的修建一方面是为了皇帝夏天在此避暑，另一方面也是为了处理政务，尤其是为了团结蒙古、西藏等边疆地区的少数民族。

康熙二十年（1681年），清政府为了强化对北方蒙古人及其游牧地域的管理，同时加强边防控制，在靠近北京的蒙古草原建立了木兰围场。每年秋季，由皇帝亲自带领重要大臣与贵族王公、皇家子弟以及八旗军队等几万人前往围场，进行狩猎活动，既为了达到训练军队的目的，也为了巩固对北部和西部边疆地区的控制。为了方便皇帝在前往围场途中的吃、住等事项，在北京到木兰围场的途中，先后修建了约二十座行宫，承德避暑山庄是其中最重要的一处。承德避暑山庄的营建，主要可分为两个阶段。第一阶段：自康熙四十二年起，从整治湖区、修护堤岸、营

❶ 苏式彩画，因最早出现在苏州，故名。苏式彩画由图案和绘画两部分组成，主要用于园林建筑和皇宫建筑中的居住区域。

筑洲岛开始，随后进行宫殿、亭榭、宫墙、树景等方面的营建，花费约十年时间，避暑山庄初具规模。康熙皇帝为园中景色命名并题写了四字"三十六景"。第二阶段：从乾隆六年开始，进一步扩建避暑山庄，到乾隆十九年为止，增建了宫殿和多处精巧的大型园林建筑。乾隆仿康熙又以三字为名题了"三十六景"，合称为避暑山庄七十二景。避暑山庄至乾隆五十七年最后一项工程竣工，共耗时八十九年。

承德避暑山庄占地约五百六十公顷，景色可以划分为宫殿、湖泊、平原、山峦四个区域，四周围墙长达十余公里。宫殿区位于山庄南部，占地约十万平方米，位于湖泊南岸，地形平坦，东北接平原区和湖区，西北连山区，是皇帝处理朝政和生活起居的地方，由正宫、松鹤斋、万壑松风和东宫四组建筑组成。正宫是宫殿区的主体建筑，设置了九进院落，分为前朝、后寝两部分。宫殿区的中央是主体建筑，均衡对称地在两侧安排附属建筑，既对自然环境进行充分利用，又加以适当改造，人文与自然景观巧妙衔接，相得益彰，宫殿建筑在这里被赋予了园林化的气息，也彰显出皇家园林的气派。

湖泊区位于宫殿区的北边，湖泊面积超过四十公顷，八个小岛将湖面分割成大小不同的区域，碧波荡漾，洲岛错落，视觉层次丰富多样，富有江南水乡的特色。湖区的东北有著名的热河泉。平原区从湖的北面一直延伸到山谷北面的山脚下，是一片苍茫开阔的草原，绿草如茵，间有茂盛林木，恰似蒙古草原风光。西北部是山峦区，面积达整个园区的八成，起伏绵延

的山峦，被大量纵横的沟壑分割成不同的区域，众多精美殿阁和各具特色的寺庙如闪耀的星辰点缀其间。东部是一片茂密的森林，古木苍苍，厚重而生机盎然。山庄整个地形仿佛是中国地理形貌的剪影，东南是密布的水面，西北山岭高大、跌宕起伏。康熙、乾隆主政期间在避暑山庄的东部区域和北面的山脚下，陆续修建了著名的"外八庙"，实际当时共有约十二座带有藏族建筑风格的藏传佛教寺庙，分别是"溥仁寺、溥善寺、普宁寺、安远庙、普乐寺、普陀宗乘之庙、须弥福寿之庙、殊像寺、广安寺、罗汉堂、普佑寺和广缘寺"[1]等，规模庞大，严整辉煌，目前部分寺庙已经损毁。外八庙宏伟壮观的寺庙群以汉式宫殿建筑为基调，吸收了蒙古族、藏族、维吾尔族等民族建筑艺术特征，创造了多样统一又各具特色的寺庙建筑风格，在维护蒙古族、藏族、维吾尔族等少数民族的宗教信仰和保持其与中央王朝的联系方面发挥了独特的政治作用。避暑山庄的殿宇等建筑和围墙多采用青砖灰瓦和原木的本色，淡雅简朴，又不失庄重大方，与京城宫殿的金碧辉煌形成对比。避暑山庄充分利用山形地势和林木特点、山水相依的自然景观构思造园和布局各种建筑，广泛吸收了南北园林的造园构思，大量再现各地园林精华建筑与意境，"是集中国古典园林艺术大成的精彩之作，也可以说是对中国传统园林艺术的总结"[2]。

清朝皇帝一般每年会前往避暑山庄避暑，尤其在康熙、乾隆时期，皇帝每年大约有一半时间要在这里度过，在这里处理过许多重要的政治、民族、军事、

[1] 孙大章：中国古代建筑史 第五卷，中国建筑工业出版社，2009，第310页。

[2] 孙大章：中国古代建筑史 第五卷，中国建筑工业出版社，2009，第122页。

外交等国家大事。因此，承德避暑山庄也成为清朝在北京以外的第二个政治中心。随着清王朝的衰落，避暑山庄也逐渐败落。

（三）私家园林

清代私家园林多集中在经济文化发达、物产富饶、交通便利的地区核心城市及其近郊，多由财力丰厚的官宦、富商、地主营造。由于地区经济中心的发展，造园风气的流行，清代私家园林数量极多，大大超过明代。由于园林营造地区分布广泛，地方民间建筑构造方法和乡土地方文化被更多吸收运用于园林，显示出逐渐鲜明的地方特色，形成北方、江南、岭南三大园林体系。但由于时代变迁和建筑的易毁，早期私园留存至今的较少，目前遗存的私园多建造于咸丰、同治以后，并且表现出许多市民文化气息和近代建筑的影响，通过这些遗存能概略了解整个清代的民间园林建造状况。

1. 北方园林

北方园林多集中在北京，一般为贵戚官宦所有，多有官宦气质，注重中轴线布局，对称规整，大方严肃，不追求奇巧风貌。由于北方干燥少雨，冬季寒冷，因此园内较少运用水体设计，为保暖、安全多采用厚重、封闭的构造，室内外通透性较差。山形营造也多垒土堆石，形状雄浑而不通灵。植物以常绿落叶交互配置，秋冬景观变化丰富，冬季落叶后显示萧瑟秋冬的景致。为显示与秋冬枯萧之色的对比，建筑多用对比强烈的色调和图案，红绿对比灿烂耀眼，乾隆以后

普遍运用苏式彩画进行装饰。因此，北方园林呈现一种雄浑厚重、粗放雄健的拙朴美感。北方园林主要有王府花园、贵戚赐园、士绅宅第几种。现存较完整的有十多处，如恭王府、半亩园、莲园、可园等。

恭王府又名萃锦园，位于北京市西城海西街，是清代留存至今最大的王府。清末为道光第六子恭亲王奕䜣的王府，以前曾是和珅、永璘的宅邸。恭王府的建筑包括府邸和花园两部分。府邸沿轴线排列，多进四合院作为建筑主体位于前部，并分为东中西三路。后面是两层的后罩楼，楼后是花园。花园中分布有较多叠石假山，亭榭回廊环绕，池塘与花木相映。当年多种类型建筑超过二十处，有太师壁、宝座床、碧纱橱、仙楼、书阁、多宝格等，主要厅堂庄严肃穆，各种建筑满足不同使用功能，许多厅堂可以灵活分割。恭王府及花园布局紧凑自然，富丽堂皇和端庄大方的气质既带有宫廷建筑园林的特点，也有山水自然之趣和林木水体的活泼生动，属于皇家园林与私家园林的中间类型。

2. 江南园林

这里的江南地区一般指长江以南，主要是江浙太湖水网地区，并延伸到长江以北的扬州等地。长期以来，这一地区自然条件优越，经济实力雄厚，历代为园林兴盛的地区。区域内河湖溪流水系发达，一般宅院都会有水池、溪塘相伴。水面相伴会产生水波光色映射的动感景色，也会繁育出茂盛的各种植物，结合安排灵活多样的建筑造型，构成水景相伴的灵动的宅院。由于这些地区人口繁密、土地高产、寸土寸金，

宅院规模一般较小，大约三到五亩左右，因此，园内多用象征性的缩微山水模拟象征自然美景，成为人工意匠的城市园林。

江南园林长于叠山理水，建筑灵动空透，空间变幻莫测，塑造出清灵活泼、行云流水、层次丰富的园林意境。假山顺石头纹理堆叠，拟塑真山气势，构造各种石景，多有石峰和洞窟。水域顺自然水体蜿蜒曲折，在水岸边造水口、港汊、岛礁、石岸等，塑水体变化，并在水上或岸边设石桥、码头、步石，与水体流动之势相合。建筑翼角飞挑，廊庑回转绵延，建筑中大量采用漏窗、围屏、月洞，隔而不闭，视觉通透，移步换景，与水榭、水廊、石舫一起，塑造出变幻莫测的建筑景观。自然山水空间与山石、建筑围合半围合空间、内景与庭院、大小天井、墙边与院落角落半开空间，集中了各种空间形式，景色变换衔接流畅，令人在视觉的不断变换中流连忘返。各种附属的铺地、题刻、镶嵌雕刻、家具陈设无不精雕细刻。在绿色植物掩映间，建筑白墙青瓦，与赭黑屋窗架梁对比鲜明又谐调，四季植物造型、色调变换，逐月不同，对比鲜明又雅致清新，给人自由、温婉而又清灵秀润的感受，工巧精致又浑然天成。

●木渎羡园曲廊

●沧浪亭临水花窗

江南园林总体风格内蕴相似，但具体各园又各有特色。有的在明代园林上多加改造增设，意趣日益丰富，有的为清代营建。著名者如扬州瘦西湖景观，结合水系缩放迂回，不断构建各色园林，布满水系两岸。也有单独成园的，或为文士名人所主导营造，或为富商营造的宅院，在江南各地留下数量众多的不同私园，虽多数湮灭在历史的烟尘里，留存至今的也仍有较多数量。如清朝袁枚所营建于江宁（今南京）的随园，现仅能在文献中窥其面貌；还有长于表现山水意境的苏州拙政园、网师园、留园、沧浪亭等，虽经历变换，但仍然留存至今，主要格局风貌没有大的变化。

（1）瘦西湖

瘦西湖由宋元明清以及更早时代的城濠相互连接而成，水源保持与大运河相连通，后逐渐在沿岸形成园林景观带而名气日益凸显。瘦西湖原名保障湖，清乾隆年间，扬州的盐业兴盛，瘦西湖由于年深日久，湖心淤塞，盐商便出资疏浚，并在东西岸兴建起许多亭台楼阁与园景。其特点主要是园林布置依水系迂回缩放，并构成了连续景观带，区别于其他封闭私园，为开放式布局，并在两岸形成组团的布局特征，各园构思奇巧，各有突出特色，千园千面。现在仅存部分园林建筑遗迹，只能从众多文献记载与图画中去回想当年胜景。

（2）拙政园

拙政园始建于明正德初年（16世纪初），御史王献臣❶免官回乡后修缮重构此园，取晋代潘岳《闲居赋》中"灌园鬻蔬，以供朝夕之膳⋯⋯此亦拙者之

❶ 邱玉婷、郭晓康、倪淑慧：汉魏六朝文选，浙江古籍出版社，2013，第 158 页。

❷ 程国政编注：中国古代建筑文献集要．明代．上，同济大学出版社，2016，第 168 页。

为政也"❶之意，取名为"拙政园"，后历经分合与更迭，或为官宦商贾园宅，或是"王府"与治所，园主几经变换。据《归园田居记》和文徵明《王氏拙政园记》记载，园地"居多隙地，有积水亘其中，稍加浚治，环以林木"，"地可池则池之，取土于池，积而成高，可山则山之。池之上，山之间可屋则屋之"。❷初建时，建筑稀少，有一楼、一堂、少量亭阁，中部为水池，花蘤繁盛，林木葱郁，水色迷茫，景色自然。乾隆后园主变化较多，逐渐增设丘壑与亭榭、馆堂、柱廊等，内容日益丰富，现存建筑多为清末所建。拙政园可分为东、中、西三部分，东部以花园为主景，视野开阔，疏朗林木与花圃相间，为原"归田园居"主体；中部是全园精华所在，精心布置的池岸与精美花木、精致桥亭台榭相间，各种生活建筑与游憩建筑相间，主要布置在水池南岸，与池园相互依托，相互因借，相映成趣；西部是后期补建的部分，水面变小形成小沧浪景色，弯曲的水面和岸线与环绕叠架的柱廊形成曲折幽深的园景。拙政园在园景中以山水意境为核心理念，充分体现了传统的山水精神与境界，用富含哲理和审美理念的多变的叠山理水造园手法，结合池岸水榭和林木花卉等植物，山水相依，丘壑起伏，布景疏密有致，移步换景，形成了充满诗情画意的山水园林情趣，既是契合文人雅士归隐田园的精神寄托之所，也是满足其审美怡情的高洁追求之处，其高超的园林艺术成就也是中华传统审美理念的结晶，丰富完美的园林景色美不胜收，令人流连忘返，成为中国古典园林的杰作和代表。

●拙政园　廊道与水阁

● 临水楼阁

3. 岭南园林

岭南地区经济开发在宋元以后已经很发达，海外贸易推动了沿海地区的经济繁荣，但在园林发展上，实物及文献记载较少，现存的少数实例皆清中晚期所建，较有名的是顺德清晖园、东莞可园、佛山十二石斋，还有潮阳西园、澄海西塘等。由于气候闷热，岭南私园的造园特点是，注意自然通风，结合当地民居传统，多为庭院式布局：平庭植花木，水庭以水域观水，石庭观石。叠山理水融合在庭院之中，不形成独立主题；注意水面等的日常观赏，少有传统文人园林的山水意境构思；园林装饰中木雕运用极多，木雕技法多样，装饰雕件华丽通透；花木景观以本地植物品种为特色。

总体来看，清代园林集中国古代园林之大成，形成我国建筑史上盛极的园林发展期，在皇家苑囿、私家园林、寺观园林等方面都取得显著成就。其时，"园林已由赏心悦目、陶冶性情为主的游憩场所，转化为多功能的活动中心"❶，随着造园活动扩散到广阔的民间，渗入新阶层（工、商、地主、大户等）需求的园林内容的生活化，功能的物质化也成为此时园林的特点，宅院合一式园林将自然山水意境融会到物质环境中，成为追求可游、可观、可住、可用的综合建筑艺术，尽管园林生活日益复杂多样，却能统一在有序的环境中，并能体现山水风景园林的主要脉络。

❶ 周维权：中国古典园林史，清华大学出版社，1999，第586页。

三、宗教建筑

（一）佛教建筑

清初高度重视藏传佛教的政策，不但对蒙古族、藏族地区政治、经济、文化发展产生重大影响，也对统一的多民族国家卜有着重要作用。对藏传佛教支持的一个重要举措就是广建寺庙。清入关进京后，在北京先后兴建一批藏传佛寺，如宏仁寺、福佑寺、雍和宫、阐福寺等，并改建护国寺、白塔寺等，北京成为内地藏传佛教的中心。康熙、乾隆两朝，在热河避暑山庄的北面和西面先后修建 12 座辉煌壮丽的藏传佛寺，称"外八庙"，供达赖、班禅来热河时居住和便利内迁少数民族民众礼佛。因此，热河也成为藏传佛教中心。康、雍、乾三朝还在内蒙古、西藏多地敕建寺庙，同时各地部族也建造了大量寺庙。清顺治、康熙、雍正、乾隆帝多次到五台山佛教圣地参拜，并出资修缮寺庙，改造十座寺庙为藏传佛寺，使五台山形成又一处藏传佛教中心。

藏传佛教地区，清代扩建了黄教五大寺（拉萨甘丹寺、哲蚌寺、色拉寺，日喀则扎什伦布寺，青海塔尔寺），又建拉卜楞寺于甘肃夏河，形成黄教六大寺院。这一时期最重要的是拉萨布达拉宫建成，使藏传佛教建筑发展到新高峰。清王朝除了广建寺庙，还封赏大喇嘛各种名号，给予其崇高社会地位，以及免除徭役、赋税等优待。同时在中央设理藩院管理少数民族地区事务，对僧众喇嘛数量、寺庙规模、寺院经济情况等进行管理。藏传佛教发展到清代，其建筑类型已成熟，包括佛殿、灵塔殿、佛塔、

扎仓（宗教教育建筑）、活佛公署、僧舍建筑几类。清代代表性的藏传佛教寺院有布达拉宫、大昭寺、扎什伦布寺、拉卜楞寺、塔尔寺等。

1. 布达拉宫

布达拉宫是藏传佛教建筑的杰出代表。布达拉宫位于西藏拉萨市区西北的玛布日山上，是一座堡垒与宫城结合的建筑群。布达拉宫海拔三千七百米，建筑总面积约十三万平方米，共十三层。自山脚广场向上，直至山顶，其中宫殿、灵塔殿、佛殿、经堂、僧舍等宗教功能的建筑一应俱全，还有一部分用于处理当地行政事务的建筑分布其间。

布达拉宫始建于公元七世纪的松赞干布时期，吐蕃王朝灭亡之后，宫堡大部分毁于战火，如今仅存有当时的法王洞和帕巴拉康。1645 年，五世达赖开始重建布达拉宫"白宫"，并把政权机构由哲蚌寺迁来。1653 年，他被清朝政府正式册封，其封号和政治、宗教地位正式确立。1690 年扩建了"红宫"，工程耗时约三年。以后历代达赖又相继进行过扩建，逐渐形成布达拉宫今天的规模。

布达拉宫是格鲁派的圣地，也是达赖喇嘛的宫室，由宫前区的方（雪）城、山顶的宫室（红宫、白宫）、后山的湖区三部分组成。宫前区的方城东南西三面被高大城墙围绕，每面有一座城门，两座角楼。由于政教合一的体制，在方城内设置行政及服务机构，有行政、司法、监狱用房、藏军司令部、印经院、贡品间等，以及僧俗官员及服务人员住宅。宫墙内的山后部分是布达拉宫的后花园，称作"林

卡"，是利用取土形成的深潭（称为龙王潭）建设成的一处优美园林，主要是一组以龙王潭为中心的园林建筑。

布达拉宫红宫因外墙为红色得名，处于布达拉宫中央。红宫主要建筑是历代达赖喇嘛的灵塔殿，目前共有八座灵塔存放着前代达赖喇嘛的法体，其中五世达赖喇嘛灵塔最大，内有五世达赖喇嘛到北京觐见清顺治皇帝的壁画，殿内宝座上方悬挂着清乾隆皇帝御书"涌莲初地"匾额。高七层的布达拉宫白宫为达赖喇嘛的冬宫，原西藏地方政府的行政办事机构曾设在此处。白宫的第五、第六层房屋用于生活和办公等；第四层是措钦厦大殿，面积超过七百平方米，在达赖宝座上方有同治帝书写的"振锡绥疆"匾额。白宫位于红宫的下方，相邻的扎厦是服务于布达拉宫的喇嘛居住地。因扎厦的外墙为白色，通常被看作白宫的一部分。

布达拉宫的屋顶采用歇山式和攒尖式，屋顶和窗檐均为木结构，飞檐翘角灵动飘逸，具有汉地建筑的风格特征。屋顶覆盖闪闪发光的铜瓦鎏金，脊饰用鎏金的经幢、宝瓶、金翅乌等，精美华丽，造型有浓重的藏传佛教色彩。宫殿的柱身和梁枋上使用鲜艳的彩画和华丽的雕饰进行装饰，显得华美尊贵又富丽堂皇。布达拉宫内部殿堂多样，廊道回环相连，空间变化莫测。布达拉宫整个建筑群倚靠陡峭的山形地势垒砌，楼殿逐层衔接相套，殿宇巍峨壮观，气势雄伟，外观高耸入云。辉煌的金顶与鎏金宝瓶和宝幢相辉映，金黄与红、白三种色彩对比

强烈，体现了藏传佛教建筑的鲜明特色。

在清代统治者的推动下，藏传佛教也在蒙古族地区传播。康熙与蒙古族首领举行多伦会盟❶后建汇宗寺纪念。后雍正又在其旁边建善因寺，安置大喇嘛，使多伦成为内蒙古藏传佛教中心。后又在库伦建庆宁寺，成为喀尔喀蒙古的藏传佛教中心。整个清代，在蒙古族地区建造大量寺庙，使藏传佛教在蒙古族地区得到极大发展。现遗存有内蒙古包头五当召、阿拉善福因寺和广宗寺、通辽莫力庙、巴彦浩特延福寺等，遍布蒙古族居住地，总量超千所。内地藏传佛寺以五台山和北京为主。

2. 汉地佛教与南传佛教

清初期对一般佛教寺院进行限制和严格管理，并有限制僧人数量等规定。在清代，汉地佛教建筑发展规模较小，但在部分地区有创新特色。除五台山外，在其他三处佛教名山（峨眉山、普陀山、九华山）的寺庙建筑均呈现明显的地方特色，如峨眉山以普贤菩萨道场为中心，寺庙布置强调与地形山势结合，利用山上不同台地布局，营造雄伟的气势。限于山形地势，建筑不再追求对称的严肃感，不再强调轴线和朝向，而运用灵活多变的建筑风格，寺庙多两三层楼房，并运用灵活的穿斗架屋顶结构，穿插搭接自由，与地形结合巧妙，相得益彰，如报国寺、伏虎寺。

清代汉地佛教日益受到儒、道影响，扩建、改建的寺院，在道家影响下，在环境营造上注重体现山林意境，布局更加灵活，亭阁交错，空间环境层

❶ 多伦会盟，康熙为加强北方边防和对喀尔喀蒙古的管理，在多伦诺尔（多伦）与蒙古各部贵族进行的会盟。清初，喀尔喀蒙古各部纷争，期间沙俄和噶尔丹也牵涉其中，事情相当复杂。喀尔喀内部纷争，不能诉诸武力，只能协商调解。于是康熙亲临塞外，主持会盟。

次变化多样，把寺庙与风景巧妙结合，园林意境日益浓厚。如杭州虎跑寺、灵隐寺，北京碧云寺、香山寺、潭柘寺，宁波天童寺，广州光孝寺，成都文殊院等。清代道教仍然有发展，在各地留下一些道教建筑，有些佛道混合并不完全分隔。至今留存的著名道教建筑有四川都江堰市青城山道教建筑、丰都名山道教建筑、福建上杭文昌阁、成都青羊宫斗姥殿、北京白云观等。

南传佛教建筑。南传佛教是印度佛教经过斯里兰卡传播到缅甸、泰国、柬埔寨等东南亚国家，形成的佛教流派。南传佛教其实为上座部佛教，宣扬人生一切皆空，主张逃避现实，自我拯救，积个人善行修来世。南传佛教自元明时期传入云南广西等中国西南部边境附近，分布于西双版纳、德宏州以及耿马和孟连等地区。佛寺一般是该地唯一的公共建筑，造型高大，装饰华丽，与周围竹木结构傣族民居对比鲜明。它多布置在村寨显要位置，周围密植林木，金色的塔刹突出在绿树丛中，往往成为村寨的显著标志。著名的佛寺有云南景洪宣慰街大佛寺、景洪曼洒佛寺、云南芒市风平大佛寺等。

（二）伊斯兰教建筑

清代管辖地域宽广，涉及民族众多，民族习俗多样，信仰也不同，因此推行多教并存的政策，伊斯兰教在中国也得到较大发展。至清末，信仰伊斯兰教的大约有十多个少数民族，仅分布在新疆、甘肃、青海、宁夏等西北地区的民众就超过千万人，

其中回族与维吾尔族人数最多。伊斯兰教的宗教活动与生活习俗互相渗透，其在建筑艺术上具有浓厚的民族特色。清真寺是信仰伊斯兰教民众聚居处的必不可少的建筑，用于礼拜，也称礼拜寺。清真寺的主体建筑为礼拜殿。我国目前著名的清真寺有河北宣化清真北寺，宁夏银川南关清真大寺，青海西宁东关清真大寺、海东洪水泉清真寺，新疆喀什艾提尕尔清真寺、吐鲁番额敏塔礼拜寺、库尔勒礼拜寺，北京牛街礼拜寺等。

四、地方城市与集镇

清代统一并稳定后，工商业迎来发展繁荣的时期，尤其是遍布全国的沟通交往、商业生产、对外贸易活动带动了一批工商业城市的兴起，在一些经济中心、通商大埠、交通咽喉、交通要道之处，城市发展变化迅速，形成了一些特殊的大城市，如南京、武汉三镇、广州，运河沿岸的扬州、淮安、济宁、临清等城市，还有一些特色城市，如景德镇、平遥等城市。

景德镇因为制瓷业的繁荣逐渐发展起来，除了烧造瓷器，相关运输的脚夫、船工等也围绕渡口聚集，加上往来商人，各种行业人口聚集，居住及相关建筑如会馆、书院、庙宇等也建造起来，随着商业经济的发展，景德镇形成自然发展的城市形貌，道路并不规整，街巷狭窄，各种功能建筑分布杂乱，但商业异常发达，店铺鳞次栉比，热闹异常。

平遥城市建设主要在明代，但由于地处京陕交通

要道，在清代发展成资金周转中心，出现票号，即今日银行。通过票号发行银票进行全国范围资金周转，形成全国二十多个城市的资金汇兑。城市主要因为金融业而繁盛，建筑特色体现为为了防盗，常将院落建成二层楼房，高墙深院，四周不开窗，外观封闭，内檐则装饰考究，雕花装饰繁复。城内其他民居也多类似风格，在建筑上呈现整体的封闭感。

清代人口迅速增长，从城市到农村人口密度广泛增加，突出的特点是在一定区域范围内，一些居民点逐渐汇集人口，慢慢形成集镇，成为当地的手工业和商品集散交换的中心。早期集镇形成多为定期的集贸市场发展而来，一些地区则因为商业贸易、货物集散、特色产业、地方特色物产、优越的交通地位等原因发展出各种集镇或地方中小城市。如因盐业而兴的四川乐山五通桥，因药材市场发展兴盛的江西樟树镇，因牛肉、酒米转运而成的四川犍为罗城镇。一些少数民族地区因为宗教寺庙建造，在寺庙旁形成城市或集镇，如青海塔尔寺旁的鲁沙尔镇、甘肃拉卜楞寺所在的夏河等。集镇多是自发形成的，布局形式多种多样，多数依地形、交通与行业经济发展等需要逐渐聚集建造而成，或沿山，或顺水，或沿路，顺应地势自然伸展，不拘一格。如四川成都黄龙溪、犍为罗城镇，浙江绍兴斗门街道等。

五、清代建筑小结

清政府为了管理各地官方建造活动，在工程技术方法及工程造价管理等方面形成了统一规范。雍正十二年（1734 年），由工部颁布了一本工程技术书籍《工程做法》，与宋代编制的建筑技术书《营造法式》❶相辉映，较全面地反映了清代宫廷建筑等官方建筑的工程技术与装饰技艺及其有关的多方面要求和做法。此书编撰的主要目的是控制经费开支，重点记叙各种工程细目的用工、用料定额，为核实所用工料数量，相应规定了重点建筑及匠作的工程做法。其应用范围为宫殿、坛庙、寺庙、王府、城垣、仓库等政府工程，不包括民间建筑。如在木构做法中规定了二十三种典型高级工程项目，逐项开列木构的名称和尺寸，成为一种示例性的建筑设计方案，如九檩单檐庑殿、歇山转角等典型建筑，城门楼、角楼、箭楼、亭等的结构形式和尺寸。还列出七檩、四檩等次要建筑的木构件名称尺寸。也有小木作、石作、瓦作、土作等的用工定额相关规定。《工程做法》总计记述了包括十七个专业二十多个工种的工程技术问题。在古代，工匠、建筑技术人员长期地位低下，建筑专业技术一般不入官方记载，此书在传续工艺技术等方面作出了贡献。总体来说，此书起到了规范设计、控制预算的作用；总结了明清以来各种工程的标准做法，从屋顶做法到房屋平面，从斗拱的类型到斗口模数，从面阔到进深的尺寸，从屋架到屋面坡度的基本数据，从小木作的门窗、栏杆、隔板等到台基的做法，从墙体

❶《营造法式》于绍圣四年，由李诫奉旨编修。他以自己的实践经验，考究群书，终于完成了这部中国建筑史上颇为重要的建筑专著。

❶ 藻井是中国传统建筑中室内顶棚的装饰部分。一般做成向上隆起的井状，形制多样。多用在宫殿、寺庙中的宝座等尊贵建筑物中。

❷ 天花是对室内顶部的装饰，有多种形式，装饰性很强。

砌筑到基础做法，从铺瓦墁地到墙面抹灰，从彩画样式到藻井❶天花❷，从木件雕饰到砖石凿花等，规定了详细的做法，为后来乾隆时代建筑营造大发展和后期的工艺技术改进奠定了技术基础。

　　我国幅员辽阔，各地地质地理、气候、民族习俗、生态环境差异极大，在建筑技术上虽然汉族整体上处于主导地位，但长期以来各地的融合发展，形成了几个主流建筑模式和技术形态，分别是以北京、中原为中心的华北官式大木作制度，地方大木作穿斗式、抬梁式和苏南营造，东北林区和西南山区的井干式构造等几种。总体来看，官式建筑总结、规定了成熟的技术特征和规模，代表了建筑技术的最高水平，并通过大量的营造活动培养了匠师、扩散了技术方法，民间建筑则在官式的基础上降低等级和模数。

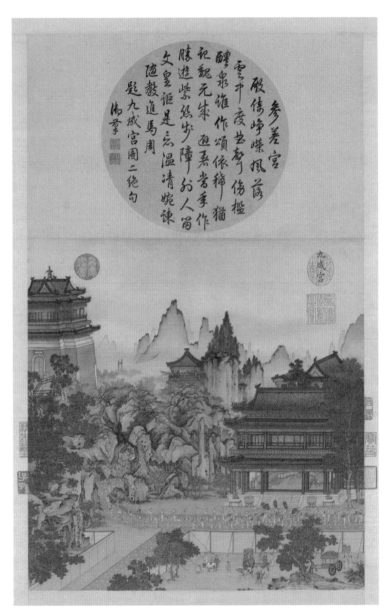

● 清　孙祜　丁观鹏　合仿赵千里九成宫图　轴

该图是清代画家孙祜、丁观鹏仿宋朝画家赵伯驹《汉宫图》所作，图中的建筑与摆设皆置换为清宫样式。

由于清代人口剧增，加上历代大量的木构构筑消耗，此时期作为关键建筑材料的木材资源极为紧张，加上大规模宫殿园林等的营造，促使木构技术不断改进。此外，建筑组织方式的雇佣制改革，以及社会审美意识的发展变化，都促进了清代木构技术的发展。清代大木技术的发展主要有这几方面的成就：发展了大木料的拼合梁柱的技术；发展拼合柱以及榫卯交接、抹角梁❶等构造方法，构造体系更加灵活多变，创造出许多高大的木构楼阁建筑；柱网更加规格化，开间柱距比较统一；斗拱退化为等级装饰部件，木构件的修饰转向构件表面装饰及附件雕刻造型为主；在大体量建筑架构上空间更加高大宽阔，复杂结顶技术更加成熟多样。

清王朝是中国古代最后一个统一强盛的封建王朝，历时两百多年，时间不算太长，但建筑方面却取得巨大发展，留下许多辉煌的建筑篇章。清代在承继以前历代建筑成就的基础上，发展速度更快，建筑数量更多，艺术水平更高，营造领域更广，在多个建筑领域取得突出的成就，如园林、佛寺、民居等。由于经济社会的发展，人口增长的推动，加之建筑工程技术的成熟和扩散普及，清代建筑在数量和种类上呈现全方位的进展，是在明代建筑高潮上的进一步充实和完善。

❶ 抹角梁，在建筑面阔与进深呈 45 度角处放置的梁，似抹去屋角，因称抹角梁，起加强屋角建筑力度的作用。

第六章

中国建筑的价值
和影响

　　中国建筑一直伴随着中华民族的成长，在广阔的
中华大地上不断书写着壮丽的诗篇，留下绵延不绝的
身影，它不仅与中华民族历史和文化同步，悠久绵长，
水乳交融，更是中华文化的代表和中华民族精神的体
现，早已成为中华文化和中华民族精神的重要载体和
直观体现。它不仅是人们的居所，也是人们精神的家
园。它的影响不仅遍及中华大地，从辉煌壮丽的皇家
宫殿，到深入大江南北的山山水水旁的普通人家，遍
及国家版图范围，而且，它的影响更是越过千山万水，
甚至跨过海洋，广泛地影响了东亚及东南亚地区，并
随着中国人的足迹被带到世界上更远的地方。中国建
筑的独特风格更是中国艺术精神的结晶，以其独具特
色的东方审美风格为世人所惊艳。

第一节　中国建筑的功能价值

　　中国建筑诞生于中华大地，是中国人民智慧的
结晶，其首要的功能价值就是其实用的价值。人类对
建筑的需求是十分自然的，早期的时候为了遮风避雨

等安全和居住的需求，原始人类多依托岩窟、洞穴等自然空间作为居住地。随着生产发展、人类智慧与生产技术的进步，人类开始建造构筑物和简单的居住空间，从穴居到半穴居，再到地面建筑，人类主动构建的建筑一经出现，就不断得到改善，不断发展新技术，不断改进建筑技术，于是，建筑就日益成为人类生活不可分割的一部分。随着社会组织和生产生活的分工细化，社会活动的多样化，人类对建筑的需求更加多样化，逐渐发展出更多类型的居住建筑，更多不同用途的防卫、生产等建筑，也随着社会的发展逐渐进化出大量人口聚居的原始聚落，并进一步发展出城市。城市的有目的的规划与建设刺激了更多类型的建筑开发，也进一步促进了建筑技术、理念的发展。中国建筑既具有一般建筑的功能，也有一些和它的文化紧密关联的独特的价值。

一、实用与安全是首要的功能

从最原始的要求来说，中国建筑的核心要求是居住。良好的建筑居所，能满足生存的基本要求和安全等现实需求。从半坡等地的穴居到地面土木建筑的逐渐成型，从南方的巢居到干阑式建筑，地面建筑随生产技术的进步不断完善。建筑的首要用途是居住，在此基础上不断改善居住空间的条件，在空间尺度上逐渐加大，结构更加稳固，对雨水、阳光、风雪等自然条件的防御和利用也积累了越来越多的经验。随着居住在一起的家族、家庭人口的增加，经济条件的改善和技术的进步，房屋建设由单一空间开始扩展，功能

也开始慢慢细化，逐渐出现多间建筑，成为一组建筑为一个家庭所用。逐渐地，家庭成为社会居住建筑的基本单位。人口的聚居，大量家庭围绕部落领袖和部落核心区域建立房屋，慢慢发展成为聚落与城市。

在中国长达几千年的封建社会时期，以家庭为单位的经济和社会组织形态都较为恒定，虽然不同地区经济形态有差异，但家庭都是封建社会形态的基层组织单元，以自给自足的自然经济和有限交换的商品交易构成经济运行的格局。因此，基层的民居建筑，就是中国普通建筑的基本面貌。由于古代经济发展缓慢，技术进步不快，财富积累也慢，只有在社会和平稳定发展的情况下，普通居民家庭的居住建筑才会慢慢得到改善。

宫殿等皇家建筑，除了作为国家权力的象征，其另外一个核心功能是供帝王和皇室居住所用。其他由于国家行政管理产生的系列建筑，如州府首府、县衙机构所在地的官方建筑，也有一个重要的功能就是满足这些管理人员的生活居住需求。

二、建筑种类齐全，功能丰富

不同的社会需求刺激了中国建筑样式的不断发展和丰富，住宅之外，一系列的建筑逐渐发展起来。对住宅的保护衍生出围墙、墙垣、壕沟等构筑物。大型部落聚落和城市的形成，使得城市防卫设施的建设随之出现，产生了城墙、护城河、护城壕沟、桥梁、城楼、道路、护堤等附属设施，并成为城市建筑的有机组成部分。随着阶级和宗教的出现，宫殿建筑、祭

祀建筑、庙宇等也发展起来。而国家建立，国家机器、行政管理等一系列官方机构的建立，也促使国家从官方层面进行相关设施的建设。随着社会文化与经济的发展，与文化教育有关的如国子监、夫子庙等相继出现。市场的发展，使得城市中各种商业设施及有关的建筑也发展起来。社会生活日益丰富，各种手工业、加工业等生产性建筑也逐渐发达。

"事死如事生"，陵墓有豪华的帝王诸侯墓葬，也有商家贵胄的大墓，还有平民百姓的简单墓葬。国家军队和军事活动也要求有相关的屯驻用途建筑，相关军事设施也得到不断建设；与国家安全防卫相关的城市城垣、城堡、关隘、长城等建设也是国家建设的重点，并在我国历代上留下了丰富的军事建筑遗产。几千年来，随着封建经济的日益完善，国家行政系统发展，各种行业不断涌现，社会生活丰富复杂，与这些社会生产生活相关的建筑也相应地发展起来，形成了中国古代功能多样、种类齐全的建筑系列。

三、因地制宜的建筑材料与样式

我国地域广阔，地理与气候等差异极大，虽然统一的国家与文化形成了主流和统一的建筑规范和样式，但建筑在符合主流风格的前提下，也受到地域和环境的制约，为了适应环境和气候，必然会在细节上做出适应性的改变，便于利用当地材料，降低建筑成本，提高建筑效率，以更好地适应当地气候和更好地满足人们的居住和生活需求。虽然南北的建筑主流结构一般为木梁柱框架和瓦顶，但主要的区别在于墙壁

处理的不同：南方湿热，开窗多，通透通风；墙体多中空，轻薄的木骨或竹骨再敷刷粉白为主；南方多雨水，建筑十分注意排水的顺畅和防止雨水侵蚀。北方冬季寒冷，寒风凛冽，为了保暖，墙体多为版筑夯土墙体，或者用砖石厚砌，以达到防风保暖的目的。当然这些不同地域建筑材料的选择，也会呈现本地化的特色，如砖或石的加工也需考虑取材和加工的方便，以及和当地环境的适应性。如山西的砖石建筑、陕北的黄土窑洞和夯土版筑❶及砖石墙体建筑、长江中下游和西南山地广泛使用的穿斗式建筑等，均呈现出因地制宜的建筑材料使用特色和建筑样式上的差别。

❶ 古人建房造墙，在很长一段时期内不是用砖，而是筑土成墙，即"夯土版筑"。我国很早就采用此类技术。

第二节　中国建筑的文化价值

一、中国建筑的文化内涵

中国建筑本身是中国文化的有机组成部分，是中国传统文化的载体和体现。中国建筑在使用功能之外，往往凝结了古人的思维、思想，反映着文化的观念、文化的记忆，以及社会变迁引起的思想和文化嬗变。

中国建筑首先具有深刻的象征和寓意。《易经·系辞传》："仰则观象于天，俯则观法于地……于是始作八卦，以通神明之德，以类万物之情。"观天法地，使天、地、人联系起来，天象与自然规律的联系，加深了人类对天象的崇拜，产生了天人感应的观念，建立起了具有象征意义的天地对应关系。于是，天象，主要是日月以及金木水火土的行星运行图对天空的时空划分，形成了天、地、人相互作用的体系，即"天

人感应""天人合一"的观念。作为中国文化观念最初的源头之一，天、地、人既是共生一体的文化系统，三者之间关系的象征，也是中国先民宇宙时空观念的反映，这种思维与观念，也必然反映到具体的建筑设计理念上，反映在具体的建筑功能与布局上，甚至反映在建筑的装饰美化上。

《道德经》提出"人法地，地法天，天法道，道法自然"，这些广为中国人所接受的思想观念自然也影响到建筑的营造。"君权神授"，国家权力的合法性，也通过建筑与天地的象征沟通实现。如都城建筑规划的"象天法地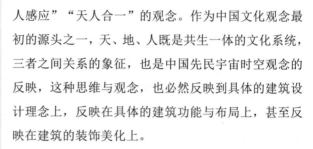"成为中国古代国家都城建筑的首要考虑。秦始皇"二十七年作信宫渭南，已而更命信宫为极庙，象天极……渭水贯都，以象天汉；横桥南渡，以法牵牛"。历代都城皇宫的建造，无不注重与天象图的吻合，以建筑表现宇宙图案完成"天人合一"，以强调政权的合法性。

作为中国思想主流的儒家思想和道家思想，也分别在中国建筑的不同方面起着主导作用。儒家强调社会秩序和责任，强调均衡和谐，体现在建筑上，这些原则则多为官家建筑所采用。从宫殿到国家行政机构各式建筑，在体现等级差异之外，端庄、和谐、稳重、优美的要求始终是比较一致的，体现儒家思想正统对传统建筑的主导作用。道家强调"出世"，追求"无为而治"，逃避现实获得解脱，远离利益纷争，崇尚个人自由，强调"道法自然"，在对灵秀、自由、灵巧、生动、飘逸的追求中去获得生动和谐的美。对自由洒脱的追求，反映在建筑上就是对园林建筑艺术的

❶ 象天法地是指观天象和看风水，它作为一种设计手法在中国传统建筑创作中常被使用。

不懈追求，最终诞生了独有的中国园林艺术。

　　风水文化在中国古代建筑中被广泛使用。"风水"的本质是人追求幸福与祈愿的一种表现，既包含一些建筑的基本科学原理，也有传统文化等理念的渗入，反映在建筑的方方面面。既影响建筑的选址，也影响建筑的具体布局，甚至对建筑的朝向、门窗的位置大小等都做出了一些规范，乃至在色彩、装饰等方方面面都有影响。总之，把人们的美好祈愿贯彻到建筑的各个层面。

　　在中国传统社会中，作为文化精英的文人官宦、雅士，他们有着深厚的文化素养，也引领着文学艺术的潮流，在社会的精神领域发挥着主导作用。逐渐地，他们的文化理念与思想开始慢慢走进建筑的营造中，建筑的艺术性得到越来越多的重视，这时文人主导的园林开始逐渐成为主流。与此同时，很多文人除了擅长书法诗词，还能绘画，其绘画的造诣与诗书审美意境的营造，会在园林创意与思想、视觉审美、意境营造上对造园给予指导，出现了《园冶》等造园理论专著。一系列的造园手法也逐渐被总结和完善，"巧于因借""景皆可借""景必入画""求天趣""意境与境界"等造园理念被提出并得到广泛的运用。文人著述的传播，也扩大了他们的思想的流传与影响。此时，园林已经成为一个突出的文化载体，是精神追求的产物，也是传统文人文化观念的物化体现。

　　与其他建筑实用功能第一的特点不同，园林建筑尤其与中国传统文化结合紧密，既是中国传统文化在建筑方面发展的产物，也是传统文化的载体，蕴含了

丰富的传统文化理念。自汉代私家园林勃兴，园林的
拥有者多为官僚与文人士大夫，而这个文化人群体也
是中国传统文化的主要传承者。园林的独特功能和其
所具有的丰富含义，使其成为文人士大夫的精神领地
和家园。由于中国封建社会特有的科举制度与文人入
仕的普遍追求，封建统治下经常造成士大夫群体的失
落与贬谪，使他们在私家园林的营造中，有意无意地
把他们的理想追求与文化理念渗透在园林意境中，成
为他们追求政治理想的补充与调节，他们的期望、失
落、自慰、解脱、退隐等情调和意趣也尽情地体现在
园林山水之间，使之成为他们个人情感的寄托之所，
也成为他们精神的家园。

二、中国建筑的艺术审美价值：走向成熟与完美

随着中国建筑的不断发展，各项建筑工艺与技术
日益成熟。木材加工技术、砖石加工技术，随着铁器
等工具的普及不断进步。随着建造活动的增加和营造
匠人经验的积累，从大木到小木，加工技术工艺都不
断完善，宋代出现《木经》《营造法式》，明代出现
《鲁班经》和《鲁班营造正式》《天工开物》《髹饰录》
等，分别对各种建筑材料和木作、砖石技艺做了总结
和记录，至清代，《工程做法》的颁布，表明传统建
筑技术和方法已经高度成熟。在建筑的造型、装饰上，
也日益增加艺术性的成分。《园冶》《长物志》等对
园林的营造做了专门论述与指导。社会经济的发展，
为建筑业主的审美追求提供了条件。瓦顶的弧度如何
设计并实现，斗拱的数量、柱梁的开间与数量、房间

进深也慢慢形成等级制度下的规范。屋顶的样式、彩绘、门窗样式、室内外的装饰的文化含义也逐渐得到完善，成为完美的、系统成熟的建筑艺术作品。这种建筑艺术的成熟，首先表现在宫殿的建造上，其次是一些接近宫殿规模和等级的寺庙道观建筑等，一些高等级的皇家园林也体现了传统建筑精益求精的建造水平和高度的艺术水平。而私家园林建筑则在建筑的灵动活泼与文化气息上体现了建筑技术和艺术的完美结合。长期的迭代与总结，使中国传统建筑日益呈现浓厚的艺术气息，从完美的局部造型、装饰到建筑整体的布局与环境的相得益彰，既端庄大方、壮丽辉煌，又典雅优美、秀丽丰富，并富有日益浓厚的文化气息。

第三节　中国建筑的地位与影响

　　中国建筑产生于中国大地，是中国人民的伟大创造。作为屹立在广阔华夏大地的物质文化的一部分，也随着中华文化的影响跨越了山山水水，影响到周围广泛的地区。可以说，中国建筑以其独特的面貌和工程技术特征，一直在中国土地上持续发展、完善，形成了中国独特的以木架梁柱为核心的建筑技术系统和规范。它与中国的传统文化思想紧密结合，并相互影响，既是中国传统文化的反映，又是中国传统文化的载体与具体体现；既坚持自己的核心技术系统的持续稳定发展，又以包容的胸怀，不断吸收其他民族和地区建筑的样式风格及其技术特点，巧妙地融入不同的建筑构造中，并不断完备自身的建筑类型系统，以应

对和满足各种不同的建筑需求。中国建筑也是中国社
会经济发展的结晶，是人民安居乐业的依托，与中国
人的生产、生活、社会、经济、军事、宗教等紧密联
系在一起，成为中国人生存、发展的依托。它见证了
中国几千年社会发展的起起落落，既有凋敝破败的情
形，也有繁华昌盛的丽景。正因为如此，中国建筑作
为东方建筑的核心代表，以其悠久的历史和成熟完善
的系统，跨越了时空，在世界上产生了广泛而深远的
影响。

中国建筑

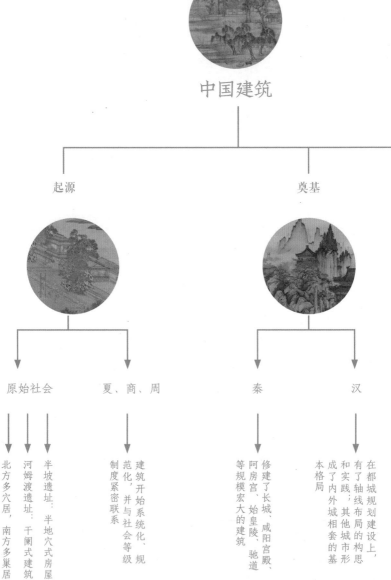

起源

奠基

原始社会

夏、商、周

秦

汉

北方多穴居，南方多巢居

河姆渡遗址：干阑式建筑

半坡遗址：半地穴式房屋

建筑开始系统化、规范化，并与社会等级制度紧密联系

修建了长城、咸阳宫殿、阿房宫、始皇陵、驰道等规模宏大的建筑

在都城规划建设上，有了轴线布局的构思和实践；其他城市形成了内外城相套的基本格局

发展与成熟

高峰

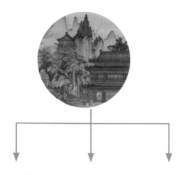

三国两晋南北朝　　隋唐、五代　　宋、元

明代　　清代

宫室贵胄大造园林，奢华繁丽，佛教盛行，寺塔石窟大规模出现

形成了完整、宏大的建筑体系，建造了中古时期世界上最大的都城和宫殿，合院式布局方式成熟，砖石建筑技术进步显著

开始了建筑标准化的建设，编定了《营造法式》

皇家建筑将汉传统与蒙古习俗结合，坛庙与宗教建筑众多

加强恢复汉族传统的规制，砖材技术日益成熟

在工程技术方法及工程造价管理等方面形成了统一规范，颁布《工程做法》